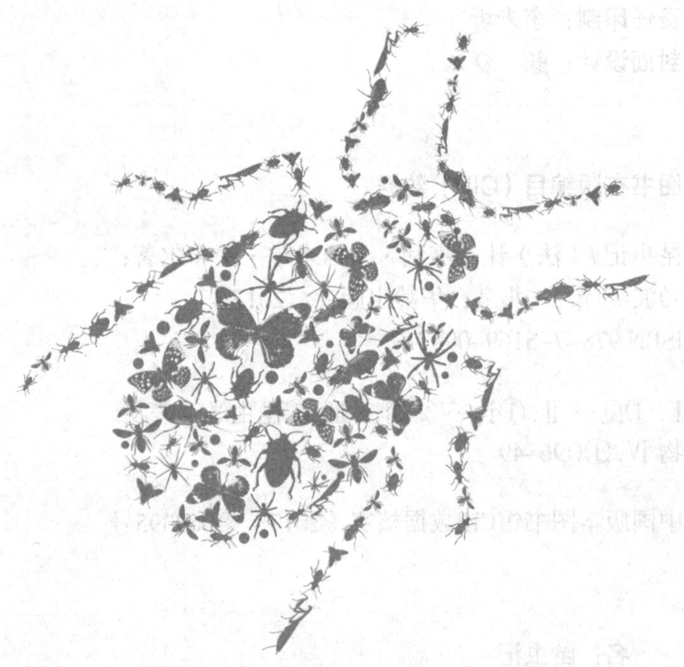

昆虫记

［法］让-亨利·卡西米尔·法布尔◎著

胡乃波◎编译

华龄出版社
HUALING PRESS

责任编辑：林欣雨
责任印制：李未圻
封面设计：颜　森

图书在版编目（CIP）数据

昆虫记 /（法）让·亨利·卡西米尔·法布尔著；胡乃波编译. -- 北京：华龄出版社，2017.4
ISBN 978-7-5169-0957-7

Ⅰ. ①昆… Ⅱ. ①让… ②胡… Ⅲ. ①昆虫学－普及读物 Ⅳ. ①Q96-49

中国版本图书馆CIP数据核字（2017）第069395号

书　　名：昆虫记
作　　者：［法］让-亨利·卡西米尔·法布尔著　胡乃波编译

出 版 人：胡福君
出版发行：华龄出版社
地　　址：北京市东城区安定门外大街甲57号　邮编：100011
电　　话：58122254　传真：58122264
网　　址：http://www.hualingpress.com

印　　刷：三河市东兴印刷有限公司
版　　次：2019年3月第1版　2020年8月第2次印刷
开　　本：880×1230　1/32　印　张：7
字　　数：169千字
定　　价：32.00元

（如出现印装质量问题，调换联系电话：010-59625116）

本书阅读指导

阅读前的准备工作

1.端正阅读态度

《昆虫记》是法国昆虫学家亨利·法布尔的一部科普著作。在翻阅这本书的正文之前，你必须要清楚自己想从书中获得什么。如果你只想作为临时的消遣，那么就可以越过这篇《阅读指导》直接去看正文了。如果你想真正走入昆虫世界，获得关于昆虫的知识，并且充分享受其中的乐趣，那么最好按照《阅读指导》一步一步做。

2.搜集相关材料

在正式阅读之前，除了本书，你最好尽可能多地搜集一些资料，比如关于作者法布尔的，包括这个人生活的时代背景、家庭环境、发表的其他作品，等等。这些资料你不必去细读，随便翻一翻，有个大概的了解就可以了。

3.找到有共同兴趣的朋友

最好和你的朋友一起阅读这本书，或者向你的同学推荐，大家一起组成兴趣小组，人数也不必太多，3～5人即可。这样，你们不仅可以相互分享自己的阅读成果，还能进一步加深彼此的阅读兴趣。

第一遍阅读

对于科普类图书，只读一遍是绝对不够的。因此，在这里我们给小朋友们安排了阅读两遍的计划。当然，如果你感兴趣并且时间充足，另外多读几遍会更好。

对于这本书，即使是第一遍，我们也不主张大家只用两三天一口气读完，这样不便于内容的吸收。我们建议大家最好每天读三四篇，总共花半个月的时间读完。

在进行第一遍阅读的过程中，大家要注意以下几个方面。

（1）对于你认为的重点内容，要随手把它标注出来，以便下次阅读。如果在阅读过程中有心得体会，也要随手在一旁记下，别怕把书弄脏。

（2）阅读这本书，不仅要注重它的文学性，更要像作者一样，以人性关照虫性，思考文字背后的人与昆虫的和谐之美。

（3）每篇文章读完之后，要认真回答文章后面的思考题。如果有些题目一时没有答案，可以做上标记，留待第二遍阅读时处理。

（4）当天阅读进行之前，最好花几分钟时间把前一次的阅读内容简单回顾一遍。

（5）读完当天的任务之后，要尽量找机会和自己的小组成员进行交流、分享。大家也可以每天固定一个时间进行交流。

第二遍阅读

第一遍读完之后，建议再花一周的时间进行第二遍阅读。这次阅读要求精读，不做统一安排，每个人可以根据自己的情况进行，有几个建议大家可以作为参考。

（1）这次阅读是重点阅读，对篇目要有所筛选，其中包括你自己感兴趣的、第一遍阅读时思考题没有完成的、想自己进行昆虫实验的，等等。

（2）对于一些专业性较强的概念、术语，你要及时查阅相关资料，把它吃透；一些生僻字，也要认真查字典弄清楚。只有把内容消化了，书才会成为你自己的。

（3）对于你特别感兴趣的内容，建议将其制成读书卡片，制卡片的过程就是最好的记忆过程，这样你就能更加翔实地掌握这些知识了。

读后实践

读完第二遍之后，就可以进行昆虫实验了，这个过程最好和自己的兴趣小组成员一起进行。具体操作步骤，可以参考以下建议。

1.确定实验项目

大家可以讨论，选定项目并确定其可行性。可以先进行一项实验，也可以几项实验同时进行。最好是大家共同参与，不要各自做各自的实验。当然，也可以大家一起做同一个实验，看看实验结果是不是一致的。值得注意的是，实验是一个长期的过程，不要想着一蹴而就。

2.捕捉昆虫

昆虫在我们的日常生活中随处可见，所以实验材料很容易取得。大家可以选择一个天气晴朗的周末，约在一起去公园捉昆虫。当然，在捕捉昆虫之前，工具是一定要准备好的，除了网罩，最好还要有一个透气的盒子，以防将昆虫憋死。

3.进行观察

昆虫捕捉回来后，首先要根据书的内容确定其种类，然后要认真观察它的习性，看是不是和书里所讲的相同。

4.进行实验

书里介绍了许多昆虫实验，大家可以按照书里的方法操作，也可以自己设计实验，但前提是要先确定实验目的。

5.放归自然

在实验过程中，尽量不要伤害昆虫，等实验结束之后，要把它们放回大自然。

通过以上方法，这本书就真正融入你的生命之中了。你不仅能够掌握大量有关昆虫的知识，也能够走进昆虫的世界，从昆虫的视角来看待生命，对自己的人生也有一定的指导意义。

前　言

大约180多年前，在法国普罗旺斯的圣雷恩村有一个小男孩。当时他只有7岁，由于家里很穷，父母决定让他养一些鸭子补贴家用。他的家离水源较远，而且地势也高，所以喂养鸭子是一件困难的事情。有一天，他赶着小鸭子们来到一处宽阔的水塘。

水塘里的水又浅又暖和，中间还有一块土，上面盖满了泥浆，像一个碧绿的小岛似的。小鸭子们对这个水塘非常满意，它们在水中嬉戏玩耍，好不热闹！这时，小男孩就在一旁观察水塘。水中隐藏的秘密让他倍感兴趣，水底更是五花八门新鲜事物聚集的地方。他看到了一些有着羽毛饰和缨子的小虫子，它们的脊背上有来回飘摇的鳍，还有漂亮的贝壳，密密的螺圈在它们周围高高地压着，好像扁豆一样。

他还发现了金龟子，当然这不是在水塘里发现的，而是在水塘周边的草原，由于水的滋润，那里长出一小片灌木丛，这只小家伙就藏在那里。它居然长得比樱桃核还要小，还有着碧蓝的色彩！小男孩找来了一个蜗牛壳，把金龟子放在了里面，还拿着一片树叶来撩动蜗牛壳，躺在蜗牛壳中的金龟子显得更加美丽了，他一有空就会把它拿出来欣赏。

夜幕降临，当小男孩带着一大包猎获品兴致勃勃地回到家中，却遭到了父母的责骂："臭小子！我是让你去放鸭子的啊，赶紧把这些没用的东西给我扔了！"小男孩虽然感到委屈，并流下了泪水，但他并没有妥协。后来，他在回忆中说："我们应该做的就是探索生命的奥秘，发现世界的奇妙，尽情地发挥上天赐予我们的才智。"

这个小男孩名叫法布尔，多年之后他成了世界著名的昆虫学家、文学家，并写出了伟大的长篇科普文学作品——《昆虫记》。

在《昆虫记》中，法布尔将专业知识与人生感悟熔于一炉，娓娓道来，在对每种昆虫的特征和日常生活习性的描述中体现出作者对生活世事特有的眼光，字里行间洋溢着作者本人对生命的尊重与热爱。该书一出版，便立即成为畅销书，在法国自然科学史与文学史上都具有举足轻重的地位。它不仅是一部研究昆虫的科学巨著，同时也是一部讴歌生命的宏伟诗篇，被人们冠以“昆虫的史诗”之美称，法布尔也由此获得了“科学诗人”“昆虫界的荷马”“动物心理学的创导人”等桂冠，并因此书于1910年获得诺贝尔文学奖的提名。

这样的作品在世界上诚属空前绝后，没有哪位昆虫学家具备如此高明的文学表达才能，也没有哪位作家具备如此博大精深的昆虫学造诣。法国作家罗曼·罗兰称赞道：“他观察之热情耐心、细致入微，令我钦佩，他的书堪称艺术杰作。”法布尔数在十年间，不局限于传统的解剖和分类方法，选取了蚂蚁、蟋蟀、圣甲虫、大孔雀蝶、蝉等读者最感兴趣的昆虫，生动详尽地记录下这些小生命的体貌特征、食性、喜好、生存技巧、蜕变、繁衍和死亡，然后将观察记录结合思考所得书写成具有多层次意味、全方位价值的鸿篇巨制，使昆虫世界成为人类获得知识、趣味、美感和思想的文学形态。

1923年，《昆虫记》由周作人译介到中国，90年来一直受到国人的广泛好评，长销不衰。到20世纪90年代末，中国读书界再度掀起“法布尔热”。目前，《昆虫记》已被列入教育部语文新课标必读书目，并受到中国科普作家协会鼎力推荐，成为上千万青少年的成长必读书。译者本着优中选优、独立成篇的原则，精心编就此书，融思想性、艺术性、文学性于一炉，具有很高的欣赏价值。因此，本书也得到了田爱群等特级骨干教师的推荐。

《昆虫记》的确是一个奇迹，这样一个奇迹，在地球即将迎来生态学时代的今天，也许会为我们提供更为珍贵的启示。

目 录

第一章

第二章

第三章

第四章

第五章

第六章

第七章

第一章

荒石园：我的世外桃源

我一直想为自己在荒郊野外准备一间实验室，然而这并不是一件简单的事情，因为我四十年如一日地与贫苦打着交道。不过，凭借生活的勇气，我最终还是等到了有实验室的一天。

实验室是我的梦想之地，我最钟情的地方。它自成世外桃源一般，有围墙把公路上的诸多麻烦隔开；放眼望去，四周都是废墟，只有中间矗立着一堵以石灰和泥沙作为基础的断墙——它就是我对科学真理热爱的写照。一块经受雨打风吹的不毛之地，是矢车菊和膜翅目昆虫的好去处。没有过往行人的打扰，我可以专心致志地与昆虫对话。当然这种对话是通过实验，既不用消耗时间出远门，又不用伤神到处奔走，只要按照我的计划，设计圈套，然后耐心观察结果。

我的实验和实验记录没有空洞的公式和不懂装懂的白话，只是准确地记录我所看到的，一分不多，一分不少。

如果我的语言不够生动，描述的内容无法说服自谓“正直”的人，我将告诉他们：你们剖开虫子的肚子过程中玩弄它们，我在它们活蹦乱跳的时候对其进行研究；当你们把虫子变成恐怖或可怜的东西时，我让人们爱它们；当你们在实验室里将虫子切碎时，我与蓝天一起听着蝉鸣观察它们；当你们把细胞放进化学反

名师导读

伊甸园是上帝为人类的祖先——亚当和夏娃创造的乐园，那里地上撒满金子、珍珠、红玛瑙，各种树木从地里长出来，开满各种奇花异卉，树上的果子还可以作为食物。园子当中还有生命树和分别善恶树，还有河水在园中淙淙流淌，滋润大地。作为上帝的恩赐，天不下雨而五谷丰登。后来，夏娃受到蛇引诱，不顾上帝的吩咐吃了禁果，又把果子给亚当让他也吃了，于是上帝就把他们赶出了伊甸园。

应堆时，我在研究生命的本质；当你们关注死时，我关注生。

现在我要说说我的圣地——它将被我改造成活昆虫实验场。我是在一个荒僻的小山村里找到它的。当地人叫它“荒石园”，就是一块除了百里香和石头什么都没有的荒地。在这片长期荒芜的土地里，长满了无须我照料的植物，如狗牙草、矢车菊、刺茎菊科植物等。这就是我的伊甸园——我跟小虫子们亲密无间相处的地方。它无愧于伊甸园这个称呼。虽说没有一个人愿意撒把萝卜籽给它，但它却是膜翅目昆虫的天堂。我不爱捉虫，也不太精通，比起被钉死在盒子里的昆虫，我更喜欢正在长着茂密的蓟和矢车菊的草地上工作的虫。

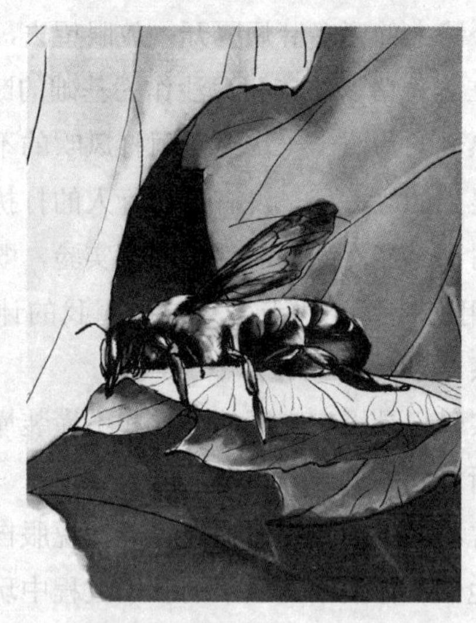
切叶蜂

地里的蓟和矢车菊对膜翅目昆虫来说是极大的诱惑。以我以往的经验，从没在别的地方见过如此多的昆虫；从事各种职业的昆虫都来这里聚会，猎手、建筑师、纺织工、组装师、泥瓦匠、木匠、矿工……多得我都数不清了。

黄斑蜂在矢车菊网般的茎间刮来刮去，堆出一

个棉花球，并扬扬得意地把它带到地上，用来做装蜜和卵的棉毡袋。肚子上有黑色、白色或火红色花粉刷的切叶蜂的目的地则是附近的灌木丛，在那里它将剪下椭圆形的叶子组装成能盛放收获品的容器。穿着黑色绒衣的是在加工水泥和卵石的石蜂，要在石头上找到他们建筑的房子可不是什么难事。定居在旧墙和附近向阳斜坡上的砂泥蜂总是飞来飞去、嗡鸣大作。

壁蜂在干什么呢？一只在空蜗牛的壳里工作；另一只为了给幼虫做圆柱形的房子而啄着干掉的荆棘；第三只想用断掉的芦竹做天然通道；第四只则闲在高墙石蜂的走廊里无所事事。大头泥蜂和长须蜂高高翘起属于雄蜂的触角；毛足蜂在自己采蜜的后足上插了支大毛笔，土蜂的种类繁多，隧蜂的腰细如杨柳……种类太多了，如果把菊科植物中的客人都介绍一遍，那就等于把采蜜族的蜂类都数了一遍。

有些昆虫也会在沙子里筑巢。泥蜂清扫门洞，它身后留下的尘土像抛物线一般；朗格多克飞蝗泥蜂把距螽拖走；大唇泥蜂将捕到的叶蝉放入地窖；沙泥蜂在荒石园的小路边的草地上飞来飞去，寻找幼虫，体型大些的则寻觅着狼蛛。荒石园里到处都是狼蛛的巢穴——一个竖井似的坑，边上有禾本科植物的茎作为护栏。坑底就是有着令人胆战心惊的、像金刚钻一样闪闪发亮的眼睛的狼蛛。炎热的下午，雌蚁排队从窝里爬出来寻找奴隶。一堆腐烂的草周围，土蜂没精打采地飞着，然后又一头扎进满是鳃金龟、蛀犀金龟和花金龟的幼虫的草丛里。

可以研究的对象实在太多了，数都数不完。闲置的园子总会被各种各样的动物占据。丁香丛里的是莺；定居在茂密的柏树下的是翠雀；瓦片下的碎布和稻草都是麻雀藏进去的；梧桐树上传来的美妙歌声的主人是南方金丝雀，它们的窝只有半个杏子那么大；晚上唱着单调如笛声的歌曲的总是红角鸮；刺耳的咕咕声只能是雅典之鸟猫头鹰发出的。

更无法无天的是膜翅目昆虫，它们占领了我的地盘。白边飞蝗泥蜂把家安在我家门槛的缝隙里，每次跨进家门之前，我得小心留意别踩坏它们的窝，别踩坏专心致志干活的工蜂们。整整25年我都没见过这捕食蝗虫的猎手了。

第一次见它们的时候，我徒步几公里去拜访，而且头顶着8月火辣辣的太阳。而如今我在自己家门口看见它们了，我们成了亲密的邻居。关闭的窗框是长腹蜂的小宅，那种贴在墙壁的方石上的窝是土砌的。这种可以捕食蜘蛛的小虫从护窗板上偶然出现的小洞找到了回家的路。百叶窗的线脚上有几只孤单石蜂筑起的窝；黑胡蜂将圆顶上有个大口短细颈的小土圆顶屋筑在了半开的屏风下。胡蜂和长脚胡蜂更是家中的常客，它们总在饭桌上尝尝葡萄有没有熟透。

这些动物的种类远远不是全部。假如我能跟它们交谈，就能给我孤寂的生命添加一份乐趣。无论是旧识或是新友，它们都挤在我眼前的这一方小天地捕食、采蜜、筑巢。就算要改变观察地点，几步开外的山上就有野草莓丛、岩蔷薇丛、欧石楠树丛。既有泥蜂喜欢的沙层，也有膜翅目昆虫喜欢的泥灰石坡边。我之所以逃离城市回归乡村，正是遇到了这些宝贵的财富。

人们在大洋洲和地中海边花许多钱建立实验室，为的是解剖那些没什么益处的海洋小生物；人们使用显微镜、精密的解剖仪、捕猎设备、船、人力、鱼缸，只为知道某种环节动物的卵黄如何分裂，我始终不明白这有什么意义。人们看不起地上的小虫子——跟我们息息相关的小虫子们：有的小虫子为普通生理学提供了大量有效资料；有些小虫子破坏庄稼和公众利益。

我们需要一座昆虫实验室，研究不是那种泡在三六烧酒里的死昆虫而是活着的昆虫，研究这些小虫子的本能、习性、生活方

式、劳动和繁衍，无论农学或哲学都需要严肃对待它们。要解决这些问题，需要一支劳动大军，然而现在我们仍然一无所有。人们宁愿投入大量的拖网来探索海底，却对脚下的土地漠然。为了改变人们的观念，我开辟了荒石园作为活体昆虫的研究室。这个实验室不会难为纳税人，一分钱都不用他们掏。

思考·感悟

1.作者研究昆虫的方法与其他人有什么不同?

2.文中一共提到了几种蜂?分别叫什么名字?

红蚂蚁：关于触角的实验

人们总是习惯把昆虫的指向能力归结为触角，想当然地认为触角上一定有什么特殊的构造，但我有充分的理由来怀疑触角带有指向的能力。

我曾经齐根剪断了几只高墙石蜂的触角，然后把它们带到其他地方放掉。但它们像其他的石蜂一样，很容易就返回了巢穴。我用同样的方法实验了节腹泥蜂、棚檐石蜂、三叉壁蜂，它们也回到了各自的巢穴。由此，我们可以摒弃触角具有指向能力的说法。那么，昆虫究竟是靠什么能力辨别行进方向的呢？

在荒石园各式各样的试验品中，我的第一选择是红蚂蚁。红蚂蚁不擅长哺育儿女，它们只能去寻找用人来伺候它们吃饭，为它们打理家庭生活，为此它们会去偷不同种类的蚂蚁邻居的蛹。这些蛹被运到窝里后，不久就会脱皮、羽化，这些蚂蚁中的异类就不得不承担起红蚂蚁家族中繁重的家务活。

炎热夏天的午后，我常常能看到这些蚂蚁兄弟出来远征。蚁队能有五六米长，发现黑蚂蚁的窝后，红蚂蚁们冲进黑蚂蚁蛹的

名师导读

红蚂蚁是一种打架非常厉害的蚂蚁，但是它们很懒，不愿意寻找食物，不愿意养儿育女，就算食物在它旁边，它也不会去吃，它们的衣食住行都要靠仆人来替它们完成。为了达到它们的目的，它们就去抢邻居不同种类的蚂蚁，比如黑蚂蚁，把别人的蛹抢走，并运回自己的窝里。不久后，抢来的蛹蜕皮了，就成了家中积极干活的仆人。

“宿舍”，然后很快带着战利品上来。它们每一只都带着掠夺物，用大颚咬住还睡在襁褓里的蛹，匆匆忙忙地往回赶。回去的路是确定不变的，必须原路返回。就算再辛苦，再危险，它们的路线是绝对不会改变的。

有一天我把池塘里的两栖动物换成了金鱼。第二天，红蚂蚁们就出去抢劫，恰好就是沿着池塘的护栏内侧，排成一个长队前进。没想到北风从侧面向蚁队猛刮，把几排士兵都吹到水里。金鱼连忙游过来，张开大嘴把落水者都吃掉了。我想，它们回来的时候该换一条别的路走了吧。可事情不是这样的，衔着蚁蛹的队伍还是走上了这致命的悬崖。蚂蚁们宁愿被大量地消灭，也不肯选择一条新的道路。

爬行毛虫寻找食物时，会沿途吐出丝线，毛虫顺着这条线才能返回窝中。红蚂蚁难道是在模仿爬行毛虫吗？它们的身上没有能够吐丝的劳动工具，那么它们是通过散发某种气味，再通过嗅觉来给自己指路的吗？

为了侦察红蚂蚁，我找了个不太忙的助手——我的孙女露丝。遇到好天气，露丝可以跑遍荒石园去监视红蚂蚁。一天，我正在写每天必写的笔记，露丝砰砰地敲响实验室的门。

“是我啊，快来，红蚂蚁进了黑蚂蚁的窝，快来！”

她事先准备了小石子，看到蚁队从兵营里出来，便一步步紧跟在后面。每当蚂蚁走过一段路，她就撒下一点石子。我跟着她跑过去，眼看红蚂蚁们的抢劫活动已经结束了，现在正在原路返回中。

我用一把大扫帚，把蚂蚁的路线统统扫干净，宽度有1米左右，把路上的尘土统统换成了其他的材料。蚂蚁们过来了，它们显得相当犹豫，有的后退，再回来，再后退；有的徘徊不前；有的从侧面散开，好像要绕过这个陌生的地方。最后，有几只蚂蚁冒险走上了被扫过的那条路，其他的也紧随其后。但是也有少量的蚂蚁绕了个弯，走上了原来那条路。尽管我设了圈套，但是没有骗过蚂蚁，它们最终回到了自己的家。

在几天之后，我重新制订了计划，比上次要严谨一些。我在池塘的一个接水口处接了一根用来在荒石园里浇水用的布管子。一打开阀门，汹涌的水流就冲断了蚂蚁的回路。当我用大量的水冲刷地面达1个小时之后，红蚂蚁们带着战利品回来了。我特意把水流调小，减小了水的厚度。

蚂蚁们犹豫了很长时间。最后，它们踩着露出水面的卵石走进水流里。在行进的过程中，它们中有的被水流冲走，在其他地方重新寻找可以涉水渡过的地方；有的找到了麦秸搭成的桥；有的利用水中的橄榄树枯叶当作木筏渡过了水流。总之，实验的结果是：蚂蚁们为了沿着原路返回而凑合着过了急流。

如果说第一次实验还不能完全否定蚂蚁利用嗅觉辨别方向的猜测，那么从这一次的实验结果来看，路面上的气味问题基本可以排除在外了。那片土地在不久之前刚被急流冲刷过，之后又一直有水流流过。就算路上真的有蚂蚁留下的味道，但是至少在被急流冲刷过之后应该闻不出来。

为了进一步验证这一点，我再次做了一个实验：用几张大报纸盖住了路中央，压上几块小石头。这彻底改变了道路的外貌，却一点都没有改变地面的味道。可是蚂蚁居然在这个家伙面前犹豫了许久。它们从各个方向侦察，一再尝试前进和后退，试了许多次之后，才冒险走上了这片没见过的区域。等它们终于穿越过了这片铺着纸的地区，队伍才恢复正常行进。

离这几张报纸不远的地方，有另一个圈套在等待着蚂蚁们：我用一层薄薄的黄沙把路切断，这块地原来是浅灰色的，如今变成了黄色。颜色的改变使蚂蚁们惊慌失措了许久，但是最终这个障碍也被克服了。

蚂蚁能够找到回家的路并不是依赖嗅觉，而是依赖视觉。不过蚂蚁们非常近视，只要移动几个卵石就足够改变它们的视野了。由于视野狭窄，一层沙，一片荷叶，一条纸带，哪怕只是挥动一下扫把，甚至是更微小的改变，都会使蚂蚁眼中的景色全非。它们最终之所以能通过，都是因为有些视力好的蚂蚁认出了这片区域。

有时候，红蚂蚁收获了太多的战利品，它们甚至拿不了。于是在第二天，或者是两三天之后，这支远征军会再次出发。这一次就不同于第一次的沿途寻找，它们会直接奔向拥有许多蛹的蚂蚁窝，而且走的是第一次去时的那条路。

已经过了那么多天了，气味很难一直留存在那里，所以指引红蚂蚁的应该是视觉。当然除了视觉，还应该有它们对地点的记忆力。这种记忆力能够持续很久，至少能保留到第二天，甚至是更久。

那这种记忆力究竟好到什么程度，能够把印象久久地铭刻在心里呢？它们到底是走了许多次这条路还是只需要一次就足以令自己在脑子里刻下深刻的记忆呢？我没办法在这个方面进行实验，但与红蚂蚁一样同为膜翅类昆虫的蛛蜂，的确可以清楚地记住只到过一次的地方。如果我们可以认为红蚂蚁也有这样的记忆力的话，那么它们始终沿着同一条路返回就没有什么值得惊奇的了。

思考·感悟

1.作者都对红蚂蚁采用了哪些实验方法?

2.红蚂蚁是靠什么辨别方向的?

蝎子：凶狠的隐修士

在节肢动物门中，蝎子是最值得人们为它们写下传记的动物。可是，蝎子的本性几乎无人知晓，它们沉默寡言，没有一位观察家敢坚持观察它们隐秘的生活习性，人们所熟知的只有那些在酒精中浸泡以后被解剖的生理结构。

我家附近有许多朗格多克蝎子。它们对住宅条件的要求很低。别人都不喜欢植物稀少的地方，可是它们却偏偏热爱被太阳烧烤的页岩。虽然那里通常能碰到大片的蝎子殖民地，但千万不能认为蝎子是一种群居动物。孤僻的性格和过分的苛刻让它们总是独处一室。

当我们翻开那些较大较扁平的石头时，如果发现一个广口瓶颈那么粗，1分米深的洞，就意味着这里有蝎子。俯下身你就能看见蝎子在家门口，张开螯钳，翘起尾部，一副紧张的防御表情。一块石头从来不会同时住着两只蝎子，当这种情况发生时，必然有一只正在吃掉另一只，而我们不必惊讶，因为这是凶狠的隐修士结束婚礼的方式。

要探索蝎子的神秘生活习性，只靠翻石头和偶然到附近的山冈区观察是不够的。我准备用人工饲养的方法，在实验室的大桌子上建立蝎子园。我找了一些大罐子，每个里面都装些筛过的沙子，放了两块花盆的碎片，再将两块大瓦片半埋在土里作为屋顶，代替石头下的陋室，最后把圆拱形的纱罩罩

名师导读

朗格多克蝎子生活在地中海沿岸，长到最大的时候，它们的身长可以达到八九厘米，颜色如同金黄色的稻谷。

蝎子几乎总是翘着尾巴，不管行进还是休息，很少把尾巴展开伸直。因为毒螯呈弯钩状，当尾部平伸的时候，毒螯的针尖是朝下的，蝎子必须翘起尾巴，自下而上向身体前部拍打。当敌人抓住蝎子的螯肢时，其只要把尾巴弯向背部，向前伸就能刺伤对方。

在沙罐上。

蝎子刚刚移民到网罩里面，就迫不及待地向我展示了它们的挖掘工作。朗格多克蝎子为了住上自己建的小房子，各自找了一大块安家所需的弧形瓦片，瓦片插进沙子里形成了一个地道口——一条简单的拱形裂缝。接下来蝎子要继续进行挖掘，它们靠第四对步足支撑，用其他三对步足耙土、耕地，轻巧敏捷地把土块碾碎、刨松。快速把土碾碎以后，蝎子开始了清理工作，它们把用力拉直的尾巴贴在地上，把土堆往后推。强有力的螯肢始终没有参与挖掘，因为螯肢的作用是往嘴里送食物、打仗和提供信息，如果用其去工作，哪怕是捡捡沙子，都会失去灵敏的感觉。

4月，天空中又有了燕子的倩影，布谷鸟也开始放声歌唱。许多次我在同一块石头下面发现两只蝎子，一只正在吞食另一只，被吞食的蝎子全部都是中等个子的雄性蝎子，而个头较大、更肥胖、颜色更深的雌蝎子，就没有这样悲剧的命运。看来，这并不是邻里间的打斗，我怀疑这是一种婚礼的形式，随着交配的结束，雄蝎的生命也画上了句点。

一直到了第二年的春天，我才终于做好了所有的准备。我做了一个宽敞的玻璃屋，在里面安置了25个居民，它们各自占用一块瓦片。每晚约八九点钟，我在玻璃前挂上提灯，里面的一切都清晰可见。

玻璃屋里一片乱哄哄的欢闹景象，蝎子的动作很敏捷，它们希望相互亲近，可是一被对方的指头碰到就马上逃开，好像被火烫了一样。另一些蝎子和同伴纠缠在一起，但马上又害羞似的逃到黑暗里，冷静下来以后再回来。我实在不能理解蝎子的行为是友好还是敌对，看到它们的步足踩来踩去，螯肢咬在一起，尾巴卷起来相互碰撞，似乎是在搏斗，但实际上没有一只蝎子受伤，我只好把这种行为当作嬉闹玩耍。

有一天夜里很热，没有一点风。我看到一对情侣，个子矮小的雄蝎子牵着肚子肥胖的雌蝎子，尾巴卷成喇叭状，正在倒着走。有一只夜晚出来游荡的蝎子，在沿墙根行走的路上遇见了这对情侣，居然闪身给它们让路，也许是察觉到它们之间微妙的关系了吧。晚上9点，它们终于在一块瓦片下安身下来。

第二天早晨，我看到了悲剧的场景。瘦小的雄蝎子已经被杀，它的头部、一只螯肢和两条腿已经被吃掉了。雌蝎子还待在瓦片下，守着丈夫的遗骸。我把尸体放在洞口看得见的地方，整整一天，它都没有出来碰一下。当暮色降临时，它终于从家里出来，遇见了那具尸体，便将尸体搬到远处，以便把它吃完。

是不是雄蝎子完成了交配的职责以后，如果不及时脱身，就会被整个或部分吞食掉呢？这一对夫妇的进展很快，但是也有好事多磨的例子。有些蝎子互相表达爱意，经过24个小时的考虑以后，终于还是没有结为连理。周围的环境、电压、温度和蝎子本身等不确定的因素，在很大程度上会影响交配的进度。

我曾经拜读过一位名师的解剖学论文，大作中提到，朗格多克蝎子9月开始繁殖后代。而我们地区的朗格多克蝎子，早在这之前就已经完成了交配。幸好这篇论文没有给我太多的教导，如果我乖乖地等到9月，那就什么都看不见了。

感谢黑蝎子为我的实验提供了信息。与朗格多克蝎子相比，它们的个头小，也不够活跃。我把它们养在实验桌上的普通广口瓶里，作为对照组。它们数量少，便于观察，每天早上我都要掀开盖在瓶口上的硬纸皮，看看这些小家伙昨晚都做了些什么。

一天清晨，我照常掀开硬纸皮盖，顿时欣喜的感觉油然而生。我看见一只雌蝎子背上爬满了小蝎子，就像

蝎子和它的孩子

披上了一件白色的风衣。这只雌蝎子一定是在夜里生下了孩子，因为昨晚我并没有发现它身上有什么东西。第二天，另一只雌蝎子背上也爬满了它的孩子，第三天又有两只雌蝎子也加入了分娩的队伍。我简直喜出望外了，黑蝎子完全超出了我的预期目标，我贪心地想看看大玻璃屋里的朗格多克蝎子，是不是也会给我带来了惊喜呢？

我把25块瓦片都掀开了，在3块瓦片下面发现了雌蝎子带着孩子的温馨场面。其中一只蝎子的孩子已经开始长大，依据后来的观察，它们已经出生两周左右了。其他两个家族的母亲小心翼翼地护着肚皮下的残余物，说明它们的孩子都是当晚刚诞下的新生儿。黑蝎子和朗格多克蝎子都在7月下旬完成了繁殖。

此后的8月、9月，我就再也没有见过小蝎子的出生。

思考·感悟

1.蝎子是群居动物吗？

2.雌蝎子为什么要吃掉自己的配偶？

3.蝎子是在几月份进行繁殖的？

蝈蝈：漂亮的低音歌唱家

蝈蝈儿长得十分漂亮，它们体态优美，苗条匀称，身着一袭嫩绿的衣裳，体侧有两条淡白色的丝带，两片大翼轻薄如纱。这漂亮的虫儿是夜晚的低音歌唱家，它们的发声器官是一个带刮板的小扬琴。蝈蝈儿的低音曲绵长而又喑哑，时而也会发出一声急促的响声，如银铃碰撞般清脆。

6月初始，我就把不少的雌雄蝈蝈儿请到金属网罩里协助我的研究。不过在食物方面，我遇到了麻烦。我喂它们莴苣叶，它们

吃是吃，可是吃得很少，明显对呈上来的菜肴不是十分满意，看来要找其他食物招待这些被研究者了。一个偶然的机会我得到了答案。

清晨，我在门前散步，突然听到刺耳的吱吱声，感觉旁边的梧桐树上有什么东西落了下来。我跑过去一看，一只蝈蝈儿正在享用它的战利品——奄奄一息的蝉的肚子。胜利者把头伸进蝉的肚子，一点儿一点儿地拉出它的肚肠。原来，这是一场发生在梧桐树上的战斗。当蝉在树枝上散步的时候，已经被绿衣猎手盯上。蝈蝈儿纵身一跃，将猎物死死咬住，惊慌失措的蝉飞起逃窜，攻击者和被攻击者就从树上一起掉了下来——后来，我多次见过类似的场景。

绿衣强盗的屠杀在晚上更容易进行。沉沉夜色中，蝉已进入梦乡。它白天沐浴在阳光和盛夏的热浪之中，尽情地唱了一天，现在它累了，需要休息了。但蝈蝈儿没有休息，它是狂热的夜间狩猎者，只要在巡逻时碰上半睡不醒或是甜睡中的蝉，就一定不会放过。

这一身嫩绿服装的携刀者称得上是勇猛的猎手，它所选择的猎物与自己的身材大小悬殊，是强壮有力的庞然大物。没有武器的蝉几乎毫无还

蝈蝈

名师导读

中国人将蝈蝈视为宠物具有悠久的历史，宋代开始兴起畜养蝈蝈，明代从宫廷到民间养蝈蝈已经较为普遍，到清代掀起了前所未有的蝈蝈热潮。

我国蝈蝈的分布较广，种类繁多，从观赏的角度，对蝈蝈按体色分类，可分为绿蝈蝈、黑蝈蝈、山青蝈蝈、草白蝈蝈、异色蝈蝈。按产地来分类，可分为北蝈蝈与南蝈蝈两大类，北蝈蝈优于南蝈蝈。北蝈蝈又分为京蝈蝈、冀蝈蝈、晋蝈蝈、鲁蝈蝈。京蝈蝈又叫燕蝈蝈。燕蝈蝈最有名的是安子沟的大山蝈蝈，以产黑色大铁蝈蝈著称。

手能力，蝈蝈儿凭借它有力的大颚和锐利的钳子，总是能将它变成盘中美餐。

随后，我用蝉来喂养蝈蝈儿。它们对这道菜十分满意，吃得津津有味，尤其喜食蝉的肚子。这是个好部位，虽然肉不多，但是在嗉囊里面，储存着蝉用喙从嫩树枝里吮吸来的糖浆甜汁，味道特别鲜美，比其他部位更受欢迎。也许正是这个原因使得蝈蝈儿每次抓到蝉都先吃肚子，以至于两三个星期间，网罩中到处都是残肢断腿、被撕扯下的羽翼和吃光后的头骨、胸骨，蝉的肚子部分早就被吃光了。

我还喂它们吃肥美的松树鳃角金龟，对这道新菜肴，它们欣然接受。第二天，漂亮多肉的松树鳃角金龟就被蝈蝈儿吃得面目全非了。我还给它们吃绒毛黑鳃金龟，对于鞘翅目昆虫，它们也十分喜欢，吃得只剩下鞘翅、头和足。为了变化食物的花样，我还给蝈蝈儿吃很甜的水果：几块西瓜、几颗葡萄、几片梨子，它们都很喜欢。不过，面对美味的食物，自私与妒忌从不少见。我扔入一片梨子，一只蝈蝈儿立即趴在上面，而且不管谁要来分享这块美食，它们都要踢腿将其赶走。饱餐之后，它们才让位给另一只蝈蝈儿，而另一只也立刻变得吝啬起来。这样一个接着一个，所有蝈蝈儿都能品尝到一口美味。

如果某只蝈蝈儿死了，那么活着的贪吃鬼绝对不会放过品尝同伴肌体的机会。它们吃死去的同伴就像是吃普通的猎物一样，而且并不以饥饿为理由。所有蝈蝈儿都不同程度地表现出这种爱好，即吃受伤的同类以自肥。

从以上例子中我们得到了许多资料，蝈蝈儿非常喜欢吃昆虫，尤其是没有坚硬的盔甲保护的昆虫；它们十分喜欢吃肉，尤其是带有甜味的肉。它们也吃水果的甜浆，死去的同伴也被列入菜单。有时没有好吃的，它们甚至还吃一点儿草。

蝈蝈儿一天中大部分时间都在休息，天气炎热的时候更是如此。当饱餐之后，嗉囊已经装满，它们用喙抓抓脚底，用沾着唾液的足擦擦脸和眼睛，躺在细沙上或是抓着网纱，以沉思的姿势，怡然自得地消化食物。

太阳下山后，蝈蝈儿们开始兴奋起来，晚上9点达到高潮。它们闹哄哄地来回走动，突然纵身一跃爬上网顶，又急急忙忙跳下来，然后又爬上去，圆形网罩里到处是激动的蝈蝈儿。狂热的雄蝈蝈儿鸣叫着，这儿一只，那儿一只，用触角挑逗从旁边走过的雌蝈蝈儿。蝈蝈儿先生心仪的女友半举着尖刀，神态端庄地溜达。内行人一看便知，蝈蝈儿先生要办自己的人生大事了，这就是交配。

蝈蝈儿爱情的表白延续的时间非常长，坠入爱河的蝈蝈儿先生和它的女友面对着面，几乎是头碰着头，用柔软的触须长时间相互触摸着，探询着。雄蝈蝈儿时不时地唱上两句，弹几下琴弓。

第二天上午，雌蝈蝈儿的产卵管下面垂着一个奇怪的东西，有豌豆那么大。这是一个乳白色的精子囊，中间有一条浅沟，把整个精子囊分成对称的两串，每串有七八个小球。当这位母亲走动时，囊泡擦着地面，沾上了几粒沙子。

当精子囊经过两个小时之后，里面已经空了，雌蝈蝈儿把黏糊糊的精子囊一块块地吃了下去；这块似乎非常美味的玩意，被它津津有味地品尝。不到半天的时间，乳白色的囊泡消失了，被吃得一点儿不剩。这种行为发生不久之后，雌蝈蝈儿开始产卵。

思考·感悟

1.蝈蝈都喜欢吃哪些食物？

2.蝈蝈们一般在什么时间最兴奋？

蟋蟀：居无定所的右撇子

蟋蟀这位出类拔萃的歌唱者，使用的乐器其实很简单：有齿条的琴弓和振动膜。蟋蟀两只前翅的结构完全相同，不过，它的右前翅除了裹住体侧的褶皱，几乎把左前翅完全遮住了。这与绿色蝈蝈儿、白额螽斯和距螽等近亲完全相反，它们是左撇子，而蟋蟀是右撇子。蟋蟀的右前翅几乎完全贴在背上，这个部分的翅脉比较粗壮，呈深黑色；在侧面，它突然折成直角斜落，将身体紧紧裹住，这部分的翼上有细细的翅脉，斜着平行排列。

除了相连接的地方，前翅是透明的，呈非常淡的棕红色。前面的部分呈三角形，大一些，后面的部分呈椭圆形，小一些。这两处是蟋蟀的发声部位，细薄透明，上面有一条粗壮的翅脉和一些细微的翅脉纹，前面的一块镶嵌着四五条人字形的纹路，后面的一块则画着弓形的弧线。

蟋蟀

蟋蟀的前部镜膜比较光滑，呈橘红色。两条翅脉呈平行的曲线状，将前部镜膜与后面分隔开来，它们之中的一条翅脉，是精致的锯齿状，约有150个三棱柱状的锯齿，这就是蟋蟀的琴弓。两条翅脉之间有凹陷，其间排列着五六条黑色的横脉，这是摩擦脉。摩擦脉在演奏中发挥着重要作用，它们增加了琴弓的接触点，从而加强了振动。因此，蟋蟀的歌声十分洪亮，甚至在几百米远的地方也能听到它们高亢的歌声。

蟋蟀唱歌时懂得抑扬顿挫。它们的前翅在侧面伸出，形成一个宽边。宽边放低或者抬高，就会改变与腹部接触的面积，从而使得声音的强度产生变化。蟋蟀就是利用这个制振器，调节声音的大小高低，它们时而放情高歌，时而低柔清唱。

蟋蟀们总是走出家门，在自家门口，一边沐浴着温暖的阳光，一边架起琴弓开始长时间地演奏。它们的琴弓发出“克利克利”的清纯声响，这音乐既柔和又响亮，既圆浑又充满律动。它们也经常演唱情歌，那是献给它们喜欢的女邻居的动人歌声，歌者用音符来谱写爱意。可惜，想要在田野中、在非囚禁的状态下观察蟋蟀的婚礼，难度非常大。我只好在一个网罩里放了好几对蟋蟀，观察它们的交配过程。

在争夺交配权的战斗中取得胜利的雄蟋蟀会得意扬扬地跑到女友身边，轻声唱起情意绵绵的曲调，它通过肢体动作和歌声取悦女友，歌声时而灵动，时而舒缓，时而有一会儿静默的间歇。女友最终被这动情的歌声所感动，迎着它的男友走去。雄蟋蟀则掉过头，转身趴在地上，倒退着朝后爬。经过了多次尝试，它终于以这种奇怪的姿势钻到了雌蟋蟀的身下，交配完成了。雄蟋蟀身体中涌出一个细粒，明年它将变成这对夫妻的后代。

接下来就是产卵了，这对夫妻住在了一起，却没有开始幸福美满的生活，家庭暴力一发不可收拾。父亲被母亲打得肢残腿断，曾经为它演奏情歌的琴弓也没能幸免，被撕得破破烂烂。6月，我网罩中的囚犯就全部死掉了。它们在与女友的快乐中，热情地消耗自己储存的精力，短暂的欢愉之后

名师导读

蟋蟀生性孤僻，一般情况都是独立生活，它们彼此之间不能容忍，一旦碰到一起，就会咬斗起来。雄性蟋蟀相互格斗是为了争夺食物、巩固自己的领地和占有雌性。

雌雄最明显的区别在尾部的产卵器。雌性个体较大，正后端有针孔状或矛状的产卵管裸出，连同臀部两侧的尾巴，乍一看像长着三只尾巴，翅小，不会鸣叫；雄虫尾部没有针状产卵器，只有自臀尖向斜后方长出的两只尾巴，会鸣、善斗，有互相残杀现象。北方有的地区，称雄性蟋蟀为蛐蛐，雌性蟋蟀为油葫芦。

是生命的干涸，是死期的临近。

我家附近还有3种蟋蟀，它们都居无定所，四处漂泊，今天住在土地的裂缝里，明天可能就躲在一堆枯草下。这些蟋蟀中体型最为小巧的是波尔多蟋蟀，它们的歌声十分细微。但是，音量的大小丝毫不影响它们的演奏，它们毫不吝啬地敞开歌喉，在我家门前的黄杨树下歌唱。

只要在夏夜走进田野，就能欣赏到它们演奏的交响乐。春天，田野蟋蟀迎着阳光拉起了琴弓；夏天，树蟋在静谧的星空下尽情歌唱。春日的暖阳和夏夜的恬静，它们平分这美好的季节；当田野蟋蟀收起琴弓、退下舞台，树蟋就弹奏起小夜曲。

树蟋又叫意大利蟋蟀，它们细细瘦瘦，苍白纤弱，全无蟋蟀类所特有的笨重体形，一对大翅膀薄得让人担心，好像一口气就能吹破。树蟋热爱炎热的夏夜，它们是不知疲倦的夜晚歌唱家，从7月到10月，从日暮时分到深夜，它们一直鸣唱着优美的小夜曲。树蟋的音乐是“克里-依-依”“克里-依-依”的声音，歌声轻柔舒缓，还带有轻微的颤音，像是温柔的小提琴发出的声音。

树蟋的乐器十分精致，它们的两只前翅都十分宽大，是呈半透明状的薄膜。前翅下部浑圆，曲线优美。翅面上有三条翅脉，一条较长的纵脉斜着镶嵌在上面，两条横脉与之垂直相交，构成丁字形。当树蟋休息时，翅缘便裹住身体的两侧。

和田野蟋蟀一样，树蟋的前翅也是右前翅压在左前翅上。在靠近臀角的部分有一块厚茧，从那儿辐射出五条翅脉，两条朝上，两条朝下，第五条差不多是横向的，略成棕红色，这些翅脉上还横向排列着细小的锯齿，这就是树蟋的琴弓。前翅的其他地方还有另外几条相对较细的翅脉，这些翅脉不参与摩擦活动，只是把薄膜绷紧。左前翅的结构与右前翅的一样，只有细微的差别：左边的琴弓、厚茧和厚茧辐射出来的翅脉，是位于上部的。

左琴弓和右琴弓彼此倾斜交叉，当树蟋唱出最洪亮的歌声时，两把琴弓都高高竖起，彼此只是内缘相接触。这时，一把琴弓斜着与另一把琴弓相啮合，相互摩擦着，使绷紧的两片薄膜振动，发出鸣响。

它们可以发出不同的声音，每把琴弓在另一个前翅的厚茧上摩擦是一种声音，在4条光滑的辐射翅脉上摩擦就是另一种声音了。它们还善于改变音量的强弱，进而误导耳朵对歌声距离远近的判断。它们想要高声歌唱时，就将前翅完全竖起；它们想要压低声音时，就把前翅多多少少放下些。当前翅放下时，外缘也不同程度地压在它们柔软的侧部，振动部分的面积相应缩小，声音也因此减弱了。

田野蟋蟀及其同属的歌者，也懂得这种调节音量的方法。可是，在声音的迷惑性方面，没有哪位歌者能够超过意大利蟋蟀。这位精通音乐的演奏家，只要感觉到一点风吹草动、感觉到一点不安全，它们就把振动片的边缘放在柔软的腹部，声音忽远忽近，让想要抓它们的人迷惑不解，不知道它们到底躲在什么地方。只要你以一个倾听者的身份，而不是捕猎者的角色，静静地不打扰它们的演唱，它们清纯的音乐就会一直在迷迭香丛中回响。

思考·感悟

1.蟋蟀的发声部位在哪里？

2.树蟋如何改变声音的高低？

蝗虫：上天赠予鸟类的食物

蝗虫如同扇子般突然展开它的蓝色翅膀、红色翅膀，用它那玫瑰红的带锯齿的长腿在我们的手心乱蹦乱踢，显得可爱而有

名师导读

全世界发生危害最严重的蝗虫为沙漠蝗，其中最大扩散面积可达2800万平方千米，包括66个国家的全部和部分地区，约占全世界陆地面积的20%，受灾人口约占全世界人口的1/10以上。2020年2月，东非地区蝗灾肆虐，蝗虫数量之多几十年未见，蝗虫随后经过乌干达和坦桑尼亚，向西亚和南亚等地区蔓延，给当地农林牧业造成重大经济损失。东亚飞蝗在我国分布范围最广，危害最严重，是造成我国蝗灾的最主要飞蝗种类，主要危害禾本科植物。

趣。捕捉蝗虫，可以被视作一种没有多大威胁，男女老幼皆宜的狩猎活动。教科书告诉我们，你们是害虫，声名狼藉，可是否因此就该受到人类的指责呢？对此我充满了怀疑。不过，那些给亚洲和非洲造成巨大灾害的毁灭者不在此列。

你们的好处远甚于坏处，至少我这么认为。鼠目寸光之人，为了他那几个可怜的李子，便将宇宙固有的秩序打乱。我们可以观察一番，假如那些只对蔬菜地造成微不足道破坏的蝗虫彻底消失，会给我们造成怎样的后果呢？

9、10月间，孩子们赶着火鸡群来到收割后的田里。这里是火鸡们的饲料场。它们要在这里喂得肥满，以便到了圣诞节成为餐桌上的一道美味。那么，火鸡的饲料是什么呢？没错，是蝗虫。人们在圣诞之夜吃的味道可口的烤火鸡，很大一部分就是靠上天赐予的、不用花费一分一文的美食喂养成熟的。

在农场周围转悠的珠鸡，毫无疑问，它们在寻找麦粒，但是它们首先关注的却是蝗虫。美味的蝗虫使得珠鸡的腋下长出一层脂肪，从而使它们的肉质更为鲜美。爱吃蝗虫的还有母鸡，这种昆虫能促使它们产更多的蛋。如果将它们放出鸡笼，它们要做的第一件事就是领着小鸡去已经完成收割的麦田里，寻找营养价值极高的蝗虫。

如果你对法国南部丘陵地区的著名特产红胸斑山鹑情有独钟的话，恰好你又是一名猎人，当你熟练地将打下来的山鹑的嗉囊剖开，你就能找到这种长期被人污蔑的昆虫为别的动物做出贡献的证明。

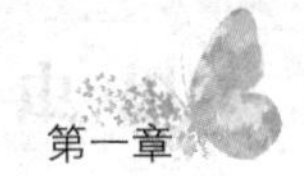

10只山鹑中往往有9只的嗉囊都装满了蝗虫。如果它们能长年尝到蝗虫的美味，对于植物籽粒的印象将会消失殆尽。普罗旺斯的白尾鸟是图塞内尔热情称颂的黑脚族飞鸟中最为著名的一种鸟类。为了对这种鸟类的摄食习性进行了解，我捕捉到了它们，并将它们的嗉囊和胃里残存的东西详细记录下来，从而得知了这种鸟类的食物，排在最前列的是蝗虫，其次是象虫、砂潜、叶甲、龟甲、步甲这样的鞘翅目昆虫。

这种鸟类，我们可以称其为食虫鸟，它们对野味从不挑剔，吃浆果是在实在找不到可吃食物之后无可奈何的选择。在我的48例记录中，只有3例是吃植物的，而蝗虫是它们最常吃、吃得最多的昆虫。除了白尾鸟，一些小候鸟的口味也是如此。蝗虫是这些小候鸟最无法舍弃的美味。在荒地里，它们总是争先恐后地捕捉自己的猎物，从而为自己的长途旅行做好能量的储备。

我能确定的是，蝗虫是上天赠予诸多鸟类的食物。除了鸟类，对蝗虫格外倾心的还有爬行动物。眼状斑蜥蜴挺着的大肚子就是一个极好的例证。我还多次看到墙上的小壁虎的嘴里含着费尽心思才捕捉到的蝗虫的残骸。如果能有幸捕捉到蝗虫，鱼类也会感到高兴，不过，对于鱼类来说，蝗虫有时也是致命的，因为垂钓者经常以这种昆虫作为美味的诱饵。

蝗虫

这种美味的昆虫，常常以弹拨身上的乐器来表达它们的欢乐。此刻，它们刚吃完午饭，躺在阳光下休息，同时进行消化活动。突然，一只蝗虫发出声音，这种声音重复了三四次，过了一会儿，它又发出了同样的声音。声音很小，音乐不甚动听，因为蝗虫没有绷紧它那如同音簧一样的振动膜。

意大利蝗虫就是此间的代表。这种蝗虫的后腿具有流线的外形，两条竖的粗肋条分布于每一面。在粗肋条的四周，排列着楼梯一样的人字形的细肋条。所有的肋条都非常光滑，但是其前翅以及后腿并没有出奇之处。难以想象如此简单甚至鄙陋的发音器实验品，会弹奏出怎样的音乐。然而，就是为了这样微弱的声响，蝗虫不辞辛劳地抬高、放低自己的腿，并激烈地进行颤动。

当然并不是所有的蝗虫都用这种方式表达自己的欢乐情绪。拿长鼻蝗虫来说，就算太阳晒得暖洋洋的，它们也不作一声。它们那修长的大腿，除了跳跃，毫无用处。灰蝗虫的腿也很长，它们也是闷葫芦一个，但它们有自己表达欢乐情绪的方法。在风和日丽之时，我总能看到它们在迷迭香上展开翅膀，迅速拍打几分钟，那架势似乎是要飞起来。不过，虽然拍打得格外用力，我们却听不到一点声响。

比灰蝗虫更不济的还有红股秃蝗，这些家伙有着粗糙的前翅，相互隔开，就像燕尾服的后摆，其长度超不过腹部的第一个环节，比之更短的是后翅，连前胸都无法遮住。头一回见到它们的人们，会错误地将这个家伙看成若虫，然而它们事实上已经是发育完全的蝗虫，可以进行交配了。红股秃蝗到死都是这样一副几乎没有穿衣服的“尊容”，其没有前翅，没有突出的边缘，只有粗粗的后腿。别的蝗虫发出的声音不太响亮，红股秃蝗是根本发不出声音。不过我认为，这些一声不吭的家伙，一定有属于自己的办法表达自己的快乐，并以此召唤它们的伴侣。我对此一无所知。

思考·感悟

1.除了鸟类，还有谁把蝗虫作为食物？

2.不能发声的蝗虫都有哪些？

螳螂：假装虔诚的凶手

螳螂在捕食前会摆出一种类似祷告的姿势，所以有很多人认为它是一个传达神谕的预言家，叫它“祷上帝”。其实螳螂把我们所有的人都骗了，虔诚的祷告后并不是礼拜，而是一场残忍的盛宴。它的虔诚是假装出来的，残酷才是真正的本性。伸向天空的双手不是用来祈祷的，而是用来撕裂自己的俘虏。

螳螂本来属于直翅目食草昆虫，可是现在它已经因为与众不同的习性而完全独立成螳螂目。对肉类的痴迷，一对有力的前足，无懈可击的攻击套路，无疑让它成为昆虫界的霸王，所谓的“祷上帝”其实是一个十恶不赦的恶魔。

螳螂

先不说它那攻击力极强的捕捉足，单就外形来说，它真的是一位优雅的修女，仪态万方，身形细长，整体翠绿，头从胸腔里伸出来，能够左右旋转，仰头，低头，有点像人，能够自由地引导自己的视线。头上也没有食肉昆虫那有力的大颚，它的嘴甚至也是很秀气的，好像只能啄食地面上的小草一样。整个螳螂看起来是这么的优雅安详，谁能想到转瞬之间它就会变成一个凶狠的杀手。

它的前足节很长，像织布的梭子，内侧有两排锋利的锯齿。为了迷惑被捕食者，它还在这里做了一点点装饰，前胸的内侧有一个黑色的圆点，中间有一点白色，两旁还装饰着珍珠一样的小圆点，看起来的确是很美。被捕食者往往会被这样的外表迷惑，忘记了危险，忘记了逃脱，这样螳螂的目的就达到了。

我想饲养几只螳螂，这样才能够清楚它们的习性。饲养的过程很简单，我只要每天向玻璃器皿中放入丰盛的食物，这个凶残的捕食者就会很配合我的工作。到了8月的下旬，肚子渐渐大起来的母螳螂越来越多，它们的食量也越来越大，我必须要放进去比以前多好几倍的食物，才能满足它们日益增大的胃口。

当然，我放进去的美味也有一定的危险性，我很想看看，在昆虫界，到底什么样的成员才能从母螳螂的手中逃脱。我找到的食物中有的比母螳螂的个头大很多，比如灰蝗虫；还有的虫子拥有强壮有力的大颚，比如白额螽斯；当然，还有我们这个地区最大的两种蜘蛛，大得让我看到都有点害怕。各式各样的猎物被放到饲养室里后，母螳螂似乎并没有被这些平时不常见的家伙所震慑住，它依然像往常一样，挥舞着自己的大钳子，把所有的猎物逐一收入囊中。

在它对大蝗虫发起进攻的时候，我认认真真地观察了一次，因为它突然像触电一样浑身痉挛起来，警觉地面对眼前这个大家伙，然后放下自己优雅的身段和祈祷的双手，摆出了一个可怕的姿势。

它先向两侧斜着打开自己的前翅，紧接着把后翅像两块大帆一样完全打开，腹部向上卷起又放下，不断重复、抽动着，像一根曲棍一样紧张、放松、再紧张，并且还会像火鸡开屏一样，发出“扑哧扑哧”的声音。它似乎不着急进攻，而是慢慢挺直身体，完全伫立在自己的四条后腿上面，捕捉足现在舒展地打开了，交叉成一个十字摆放在胸前，将胸前美丽的斑点和华贵的项链一一展示出来。然后它就保持着这个姿势不再变换，似乎要先在士气上压倒对方。

当母螳螂决定收起架势开始进攻的时候，大蝗虫并没有像我想象的一样，用它有力的后腿猛地跳开，而是呆呆地向着母螳螂

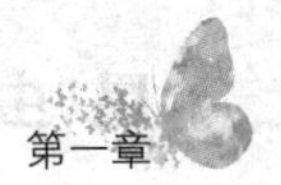

靠近。以前我只听说过小鸟在老鹰面前会被吓得不知所措，没想到昆虫也会这样。大蝗虫似乎真的已经走进了母螳螂的控制范围，此刻的它丧失了心智，似乎完全被母螳螂控制了，呆呆地等着成为别人的盘中餐。

我还是想再一次地重申，把螳螂叫作“祷上帝”的人，你们真的是被它的外表蒙蔽了。抛开它在猎食时的执着和凶狠不说，另一件事让它显得更加丧失品性。

这件事是我在实验观察中发现的，我当时简直不敢相信眼前的一幕。为了给螳螂们更宽敞的活动空间，我减少了桌面上网罩的数量，这样一来，有的网罩里面就会有几只母螳螂。刚开始的时候情况相当好，我以为是自己勤劳向里面放入了足够食物的原因。它们都在各自的领域里悠闲地补充着能量，不会去向周围的邻居们肆意挑衅。但是很快我就知道，这种相安无事只是暂时的。它们的肚子一天比一天大，成百上千的卵都等待着交配，这也使得它们变得很急躁。

我每天在网罩外面观察着，结果我看到了有史以来最为惨烈的厮杀。这种厮杀不是为了争夺食物，也不是为了划分地盘，而是发情期的嫉妒在作祟。它们一个个张起了幽灵一般的翅膀，上身高高直立，前足夸张地打开，肥大的腹部抖动着，我想它们之前恫吓任何一个猎物的时候都没有这样卖力过。

名师导读

都说狼是一种狠毒的动物，但它们尚且不杀害自己的同类，但螳螂似乎毫无忌讳，这跟那些喜欢吃人肉的恶魔有什么区别呢？而且，更令人感到发指的是，雌螳螂会在交配后吃掉雄螳螂。这种习性可能是从某个地质时代残存下来的记忆，也许在那个食物急缺的年代，只有这样才能保证充足的能量去抚育自己的后代。螳螂家族的这种做法，也许就是承袭了这个记忆。不过，不管怎么说，对于螳螂的凶残，我们要有一个清醒的认识，千万不要被它们的外表蒙蔽了。

有时，两只螳螂突然毫无征兆地直立起上身，轻蔑地看着对方，腹部开始发出“扑哧扑哧”的响声，很明显，它们已经吹响了冲锋号，做好了战斗的准备。一只螳螂突然松开铁钩，并迅速地伸向对方，一击即中，然后再迅速地后退以便防守，另一方也做出了相同的举动。

大多数时候，战争以一方的挂彩而告终，但是有时候结果也没有那么平静。胜利者会死死钳住失败者，而后者也会摆出拼死一搏的姿态。但是，很快胜利者就开始了自己的屠戮行动，就像咀嚼一只蝗虫或是一只蝈蝈一样大快朵颐，丝毫没有意识到自己正在消灭同胞，而其余的围观者也丝毫没有表示出一点同情和惋惜，甚至还表现出一副跃跃欲试的样子。

螳螂幼虫的危险来自蚂蚁，我每天都能看到这些凶恶的客人。我也曾出于保护螳螂幼虫的目的驱赶过它们，但毫无作用，螳螂窝里那些可口的娇嫩肌肉让它们馋涎欲滴。虽然在窝上打开一个缺口对它们来说过于艰难，但是它们不会放过任何一次机会。那真是一场惨不忍睹的战争，蚂蚁抓住小螳螂的肚子，将猎物拉出外壳，用嘴撕咬成碎片，而新生儿所能做的，只是无谓地乱踢乱撞。战争在片刻间就结束了，只有极少数幸存者逃脱了这场劫难。

让蝗虫胆寒的草丛屠夫，在刚出生后，却被蚂蚁吃掉了，这个过程真是不可思议。不过当小螳螂变得强壮一些，蚂蚁遇到它们就得乖乖让路了。螳螂锋利的前腿，随时准备出击的姿势，让蚂蚁感到害怕。然而有一种动物不怕螳螂的前腿，它就是墙壁上的那条小灰蜥蜴。它用长长的舌尖将小螳螂从窝里舔进自己的嘴巴，虽然只有那么一丁点食物，但味道似乎非常鲜美。

小螳螂的天敌不止蚂蚁和蜥蜴。长着钻孔器的小个子，膜翅目寄生蜂也是个可怕的敌人。膜翅目寄生蜂将自己的卵产在刚

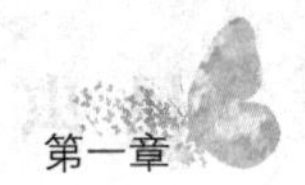

刚落成的螳螂窝里，于是，螳螂的胚胎就被这种寄生蜂无情地攻击，所以我收集的螳螂窝多半是空的。

蚂蚁和蜥蜴使螳螂的后代大量减少，这是否会使螳螂的生殖能力逐渐提升，用产卵更多的方法来平衡大量幼虫的死亡呢？有些人同意这样的看法，但他们缺少证据，那些人只喜欢将动物身上发生的变化看成是环境造成的结果。可以说，螳螂产下的卵只有一小部分是为了繁衍后代，而大部分是在为生物的野炊活动做出自己的贡献。这让我想起这样一句话：结束是为了重新开始，死亡是为了生存。

思考·感悟

1.作者用什么东西喂母螳螂？

2.小螳螂的天敌都有哪些？

圣甲虫：草地清道夫

我观察过很多食粪虫干劲十足的工作场面。方圆1公里内粪香四溢，所有的食粪虫都循着这香味急急忙忙地赶过来。看，那里有一只来晚了的虫子，它正迈着小碎步向粪堆走过来。它的长腿生硬又笨拙地向前移动着，好像是被某种装在肚子里的机械推动着前进，红棕色的触角像扇子一样张开。终于，它挤倒了一些捷足先登者，抢先来到粪堆旁边。它伸出强壮巨大的前足，一抱一抱地对粪球做着最后的加

圣甲虫

名师导读

圣甲虫，又名蜣螂，俗称屎壳郎。圣甲虫分布在除南极洲以外的所有大陆上，全世界有两万多种，其中最大的身长1厘米。圣甲虫在我国分布广泛，江苏、浙江、河北、湖北等地分布比较多，福建、云南、广东、广西及其他大部分地区都有发现。

工，然后走到一旁静静地享受自己的劳动成果。这浑身黝黑、粗大异常的家伙，便是大名鼎鼎的圣甲虫。

在筛选自己的食物时，圣甲虫似乎显得有点漫不经心。它把带锯齿的额突插入到粪堆里，在强壮有力的前足的配合下，很轻易地进行着挖掘的工作。如果需要翻越障碍在粪团最厚处开辟通道，它便用自己那带锯齿的腿用力一耙，清理出一个半圆周的空间来，再把耙过的粪便聚拢到腹下的4只腿之间。剩下的工作便交给后足去完成了：检查和修正球体的形状。实际上，这些腿的作用就是帮助粪球成形。这些经过粗加工的粪团在4条腿之间摇摇晃晃，外形逐渐趋于完美。

圣甲虫习性中最惊人的特征体现在其搬运食物的方式上。食品制作好了，圣甲虫们便从混战中退了出来，开始进入搬运的过程。它们用那两条长长的后腿抱着粪球，把足尖的爪子卡进粪球里作为旋转轴，两只中足用作支撑点，长着锯齿的前腿交替着地。它们就这样倾斜着身子，头朝下身子朝上地倒着走。两条后腿在这里起了重要的作用，它们来回运动，变换着旋转轴，使得重物能够保持平衡，而两只前腿的左右交替也推动重物向前移动，使粪球表面的各个点轮番与地面接触。由于压力分布均匀，粪球外层的各个部分都变得一样坚实，外形逐渐趋于圆满。

搬运过程中遇到障碍时，圣甲虫往往宁愿倔强地付出许多努力来超越障碍，也不愿选择绕过障碍，或者换一条路继续前进。它们并不总是单独搬运珍贵的粪球，而是会经常给自己找个搭档，或者说，会有另外一只圣甲虫主动参与进来。它们经常是同一性别的伙伴，既不是一家人，也不是劳动伙伴，那么这种表面的合作是为了什么呢？其实这纯粹是一场有预谋的抢劫。狡猾的搭档以帮忙为借口参与到粪球的搬运中，而一有机会，便会把粪球抢走据为己有。有一些野心更大的圣甲虫抢劫起来就更明目张胆了，它们也不假装好心，而是直接出现在半道上，用武力把做好的粪球抢走。

这种拦路抢劫的事情常常发生。通常，搬运者与抢劫者之间会进行一场保卫与争夺的战争。抢劫者从半路杀出来，一把将搬运者推倒在地，然后站在粪球上，居高临下面对着对方。一旦对方立起身子准备攀登，它们便挥臂一击打到对方的背上。而这时，搬运者为了让敌方垮下来，就会施展挖坑道的战术，即破坏粪球的下部，使得摇摇晃晃的粪球带着抢劫者一起滚动。而强盗为了不让自己掉下去，只能像做体操一样，尽量在滚动的粪球上保持身体的平衡。如果它们一不小心出现了失误，从粪球上掉了下来，那么战斗便会转化为拳击，双方会胸贴着胸厮打起来。在厮打中占据上风的一只会找机会重新回到粪球上去，费尽心思把粪球据为己有。

有时，粪球被搭档偷走，而粪球的主人发觉到这一点，及时地追上了窃贼，它们就会迅速地达成和解，然后像什么也没发生过一样，又一起把粪球运回去。

如果小偷来得及跑远，或是能够巧妙地掩盖自己的踪迹，那灾祸便无可补救了。但即使是这样，圣甲虫也不会泄气，它们会搓搓双颊，伸伸触角，吸吸空气，然后飞到附近的斜坡重新开始觅食，这就是圣甲虫值得赞美的刚毅性格。

粪梨，是圣甲虫为自己的幼仔提供的食物，不要简单地以为这只是它们胡乱在地上滚出的粪球，首先，梨形的粪球不可能在地上随意滚动；其次，雌性圣甲虫也不会让粪梨在地上随意滚动，因为粪梨的颈部是它们的孵化室，这个承载幼小生命的地方是经不起颠簸的。所以，在了解事实后，我觉得这是一件精致的充满母性的艺术品。

如此一件艺术品，圣甲虫要经过怎样的雕琢呢？圣甲虫制作粪梨的方式有两种。一种是把粪便原地储藏起来，等到要用的时候再根据需要分成不同的小块。被我带回实验室的圣甲虫通常会采用这种方式，因为我在饲养笼里放的沙子都是筛选过的，这使得它们很容易找到自己认为方便挖洞的地方。

也就是说，在田野里，如果圣甲虫把从粪便里提炼出来的食物原地储藏的话，那就证明附近有合适的地方，那里地质松软，便于挖洞。不管是在田野还是在我的工作室里，圣甲虫这种储藏方式的工作效率是异常惊人的，有的时候，前一天晚上我去观察的时候，饲养笼里还是一堆零散的、看起来并不美观的粪便，待到我第二天早上再去看的时候，就会发现那些难看的粪便块消失了，取而代之的是一个完美的粪梨。

当然，这种方式是不多见的，圣甲虫通常会用第二种方式制作粪梨，即把找到的粪便简单地堆成球形，然后滚着这个重重的食物一路前行，直到找到合适的挖洞地点。也许正是这一行为使得很多人对圣甲虫的粪梨制造过程产生了误解，认为粪梨是圣甲虫靠不断在地上滚动形成的。起初我也是这样认为的，但当我经过对饲养笼里的圣甲虫的观察之后才知道，其实它们只是以这种方式将粪便搬运到自己的地下工作室，然后再把粪便打碎，重新整理，再制作粪梨。

圣甲虫的卵孵化的时间一般是在每年的6、7月份，但孵化期的长短是不确定的，作为“育婴室”的地洞顶棚很薄，太阳基本

提供了卵孵化时需要的全部能量。所以，圣甲虫的胚胎苏醒的时间就取决于阳光的充足程度，比如在阳光充足的环境下，圣甲虫的卵可能五六天就会孵化成小虫，但如果阳光不是很充足，可能就要等上更长的时间，大概12天。

孵化出来的幼虫刚刚降临到这个世界，就显示出生物的本能——觅食。它们会啃噬自己的孵化室，它们的啃噬看起来有些急不可耐，但其实是很有计划的。它们一点一点地啃噬城堡的基座，也就是粪梨下半部圆形的粪球。

圣甲虫的幼虫是聪明的食客，刚孵化出来的幼虫是圣甲虫一个脆弱的阶段，如果此时让自己暴露在外界，那么对它们的生命会构成很大的威胁。所以，幼虫刚开始啃噬粪梨时十分谨慎，似乎从它们孵化出来那一刻开始，就知道什么地方是不可以先下口的，即便再美味也不可以。这是圣甲虫的一种天性。

我曾经为了一睹圣甲虫的幼虫干过这样一件事，我在它们的粪梨顶端开了一个大约5毫米的小天窗，小小的圣甲虫幼虫立刻机警地探出头来看看发生了什么事情，看清楚自己的城堡被破坏了以后，它们又迅速把头缩回去。起初我不明白它们要做什么，但是很快我就被眼前的一切震惊了：它们在自己的城堡内绕着自己转动，一会儿工夫就生产出了一些半流质状的浆液，然后它们把这些浆液糊在梨颈的小开口上。很快，这些像石灰浆一样的物质就变硬了。

一个缺口就这样消失了，由于没有心理准备，我有点不太相信眼前的状况。所以，我又一次剥掉了圣甲虫的幼虫用来堵住洞口的东西，这一次，我仔细观察，的确是这样的，它们又像之前一样先是出来看看发生了什么状况，也许它们是为了确定一下洞口的大小，然后回到自己的城堡里，迅速制作出“补墙”的材料。很快，这个小缺口又一次被修补好了。

雌性圣甲虫制造粪梨的过程充满智慧，也许圣甲虫幼虫遗传了母亲聪明的特质，它们在制造填补物质的时候也显示出令人吃惊的智慧。

思考·感悟

1.圣甲虫在搬运过程中遇到障碍会怎么办？

2.圣甲虫用什么方法制作粪梨？

赛西蜣螂：昆虫界的模范夫妻

在昆虫世界中，模范父亲非常少见，几乎所有的昆虫在婚前都是狂热的追求者，把交配作为“人生”大事，但是在婚礼结束，当它们的情欲得到满足后，就会变得冷若冰霜，对它们那群即将出世的孩子们漠不关心，对辛劳的妻子也不管不顾。

这些冷漠的雄性昆虫应该学一学赛西蜣螂。这位体型最小的推粪工，活动灵敏，动作迅速。不过，它在搬运粪球时，经常会冷不丁地从崎岖不平的路上滚下来，双腿抖动，肚子朝天。然而这并不影响它的心情，它始终保持着愉快的心情，凭着坚强的毅力重新站起来，调整姿势，再回到原来的路上。有人叫它“西绪福斯”，因为这一连串极耗体力的动作和它那毫不动摇的耐心像极了古希腊神话中的西绪福斯。

对于这种辛酸苦楚，昆虫界的西绪福斯并不了解。颠簸、碰撞、跌倒，对它来说好像不算什么，它像孩童一般无忧无虑。无论走到哪里，它都带着那个宝贝粪球，这东西有时是它的面包，有时是它子女的面包。

这名叫西绪福斯的虫儿在我们这片地区很罕见，而我现在却拥有6对。饲养赛西蜣螂不是件难事，不需要用笼子，金属钟形

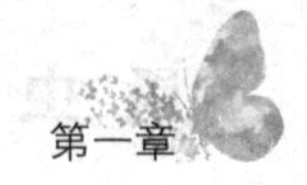

网罩加上沙土层和合口味的食物，这就可以了。它们体形很小，勉强能有樱桃核那么大；它们的模样十分奇怪，身子短粗，后部浓缩成一个子弹头；它们的足很长，像蜘蛛的足那样展开；后足弯曲并且异常的大，是很适合搂抱和紧勒粪球的器官。

大约5月初，宴会后它们在满是糕饼残渣的地面上交配。很快，夫妻俩就开始为安置子女奔波劳碌起来。它们齐心协力、不辞辛劳地揉面做饼，运输和烘烤给孩子吃的面包。和圣甲虫一样，赛西蜣螂是精通食品长期保存最佳形状的几何学家。它们没有使用滚压机，用前爪的大切面从大块的粪球上切下厚度适中的一小块，然后一齐处理这块面包，一下下地轻轻拍打、压紧，把面包制作成了豌豆大小的浑圆小球。

小球很快准备妥当，为了保护球心不受过快蒸发带来的损害，必须让它们通过剧烈的滚动来加厚皮层。母亲套在车子上座前面，它们的身材稍微粗壮些，因而容易辨认出来。它们的前足放在小球上，长长的后足搁在地上。它们一边后退，一边把小球拉向自己。此时，父亲位于相反的位置，头朝地面，在后面帮忙往前推。

这勤劳的父亲和妻子一起，在倒退中无法避开的坑坑洼洼的地面上穿行。有时，夫妻俩的套车在遍地沙砾的小丘上翻倒了，驾车的从

名师导读

西绪福斯是古希腊神话中的人物，他是人间最足智多谋的人，也是科林斯的建城者和国王。他甚至一度绑架了死神，让世间没有了死亡。后来，西绪福斯触犯了众神，从而遭到了诸神的惩罚，被要求把一块巨石推上山顶，而由于那巨石太重了，每次未上山顶就又滚下山去，前功尽弃，于是他就不断重复、永无止境地做这件事。

车上滚了下来，仰天跌倒。不过，它们很快就重新爬起来，迅速恢复驾车的姿势。西绪福斯夫妇对一路上的跌跌撞撞并不感到忧虑，翻车事故连续地发生，赛西蜣螂夫妻俩就这样漫无目的、近乎狂热地拖着套车走了一个小时又一个小时。

最后，母亲觉得粪球已经揉滚得恰到好处了，于是，它就离开一小会儿，去寻找安置粪球的合适场所，父亲则蹲在粪球上守护自己的宝贝，等着自己的伴侣回来。如果等待的时间长了，它就给自己找点事情解闷。它的后腿竖立在空中，像娴熟的杂技演员一样，让那颗珍贵的小圆球在它的双腿之间迅速转动。它用这欢喜的姿势不停地摇摆着，好像在炫耀一位食粪虫父亲的幸福：看啊，这块浑圆又柔软的面包是我烹制出来的，是我为即将出生的孩子准备的。这位父亲的快乐溢于言表，或许一想到它的孩子已经有了充足的食物，就情不自禁地感到满足了。

没过多久，前去勘探的母亲已经完成了巢穴的选址工作，而且还挖好了一个坑。小圆粪球被带到了这个地基附近，父亲寸步不离地护卫在它旁边，警觉地监视着它周围的环境。在此期间，垂涎三尺的蜉金龟和小飞虫随时都可能来抢夺这块面包，提高警惕、严密提防小偷和强盗，是明智谨慎之举。

这时，手脚麻利的母亲用足和额突很快把小洞窝挖大，足够容纳下它那个形态完美的小球。它用背触触小球，大概感觉到小球在背上向后摆动，确认这块小面包没有受到什么损害之后，母亲便下定决心继续向前挖掘。小球被放进了洞穴里，一半插入了这个盆子似的粗胚里。母亲在下面拖拉小球，父亲在上面减缓震动，调节降落动作，帮助母亲清除可能阻碍行动的物体。它们配合得天衣无缝，可以说是最佳拍档。又花了一些工夫，小球就和这对技术高超的掘地工人一起在地下消失了。随后的一段时间中，它们大概都只是重复我刚才所讲述的过程。

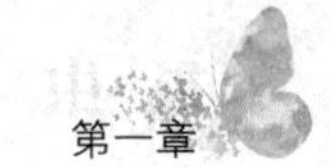

又等了半天左右，我注意到父亲独自一人出现在地上，它正在离洞穴不远的沙土里休息。母亲在地下的小洞窝里还有未完成的工作，但是父亲却帮不上什么忙。因为小窝不太深，又比较狭窄，刚好只够模型工母亲围着小球转动身体。西绪福斯父亲不能在小洞窝里长久逗留，就早早退离，以便让它能干的妻子能够自由活动、尽快完工。

直到第二天，母亲才走上地面和父亲团聚。母亲一出现，做父亲的就从它小睡的沙土中出来与它会合，夫妻俩一起来到粮堆，吃东西恢复元气。重新获得能量之后，它们又开始一起从粮堆上切割第二块，再制成浑圆的小球，再将它运输入仓。

我十分欣赏配偶之间的这种默契。如果要我在脑海里找寻几个词来形容西绪福斯父亲，那么这些词都应该列出：勤劳、体贴、谨慎、快乐。还有一个很重要的词：忠贞。

是时候去探望一下洞穴里的小球了，它们是地下室里唯一的物体。它们小巧玲珑，就像是圣甲虫粪梨的微缩版，最大直径为12～18毫米。正是由于这个微缩粪梨的体积小，它们表面的光泽和弧度的优雅分外突出，简直是造型大师的艺术作品。技术精湛的各种食粪虫，都有自己漂亮的作品。

但是，美丽优雅的状态没有维持多久，粪梨的表面就覆盖上丑陋扭曲的黑色瘿瘤，把粪梨原本光鲜的外表弄得毫无美感。

蜣螂幼虫具有排粪快捷类昆虫的一些普遍特征，它和其他食粪虫幼虫一样，身体弯曲成钩状，背上背着一个巨大的包囊。在这个包囊里储备着黏胶，如果粪梨偶然出现天窗，幼虫就立即喷射含粪的黏胶来堵住。在这方面，这种幼虫和圣甲虫幼虫一样，都十分擅长。此外，这种幼虫还掌握着另一种食粪虫类不会的“粉丝”加工技术。

有时候粪梨表面的某个部位会湿润起来，变薄、变软，然后从一块不太坚固的屏板上涌出一颗暗绿色的新芽，接着，新芽倒下、扭曲；形成一个瘤，最后由于干燥而失去原有的颜色，变得黑乎乎的。

到底发生了什么事情？原来，是住在粪梨中的幼虫在住所的内壁上打开了一个临时缺口，它通过只剩下一张薄纱的通气窗，越过围墙排便，把家里放不下的黏胶排出到粪梨外。这只幼虫似乎并不担心它开凿的天窗会威胁到自己的安全，因为窗子很快就会被新芽的底部堵塞起来，继而被压紧。

关于赛西蜣螂，我还有一项“人口”普查数据。寄宿在我的金属钟形网罩里的6对赛西蜣螂，一共制造了57个住着幼虫的粪梨，平均每个家庭产卵6枚。这个数字远远超过了埃及圣甲虫的。种族繁衍兴旺归因于什么呢？在我看来，有一个最为重要的原因：父亲和母亲平等劳动。单独一人完成不了的工作，两个人齐心协力就相对容易了。

思考·感悟

1.作者一共有多少只赛西蜣螂？

2.幼虫为什么要打开一个临时缺口？

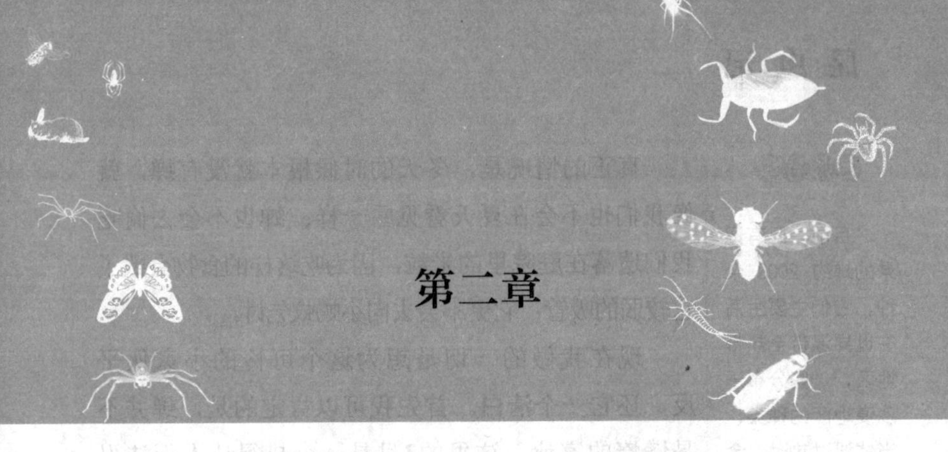

第二章

蝉：大嗓门的歌唱家

关于蝉和蚂蚁的寓言，可能很多人小时候就听过了。整个夏天，蝉都在树上高声歌唱，当看到小蚂蚁们成群结队地往洞里搬运食物的时候，它觉得很可笑，还问蚂蚁："现在正值夏季，有这么多可口的食物，为什么要这么着急储藏食物呢？而且现在天气这么炎热，在这种天气里劳作是一件多么痛苦的事啊。"蚂蚁诚恳地告诉蝉："夏天很快就会过去，秋天到来时，就没有这么多食物供我们储藏了，这样到了冬天，我们就会饿死。"

蝉听了不以为然，它觉得蚂蚁的担心是多余的，于是继续在树上高声歌唱。夏天很快过去了，万物萧瑟的秋天到来了，蝉每天都忙着找吃的，却没有办法填饱自己的肚子，更不要说储备食物了。到了冬天，蝉忍冻挨饿，终于有一天，它受不了，来到了蚂蚁家，祈求蚂蚁施舍给它一点食物，可是蚂蚁却说："过去在我们辛勤劳动的时候你在唱歌，现在你可以去跳舞呀！"

这段寓言在很多小朋友的童年里都留下了很深的印象，大家由此深深地记住了这一点：蝉是懒惰的家伙，我们不能向它学习，否则不会有好结果。蝉的声望就这么被破坏了。它是人们口中到了冬天就会被饿死的可怜虫，是向蚂蚁乞讨的小乞丐，偶尔还要靠偷食我们的麦粒来维持生命，于是蝉在人们眼中便毫无优点了。

名师导读

目前，已有记录的蝉约 2000 余种，它们主要生活在世界温带至热带地区，一些分布于沙漠地区的种类，当体温过热时，会从背板排出多余的水分，进而达到冷却及散热的效果。

蝉的幼虫通常会在土中待上几年甚至十几年，如3年、5年、13年，这些数有一个共同点，都是质数。这是因为质数的因数很少，在钻出泥土时，可以防止和别的蝉类一起钻出，争夺领土、食物。北美洲有一种穴居17年才能化羽而出的蝉，据科学家解释，这种奇特的生活方式，是为了避免天敌的侵害并安全延续种群。

真正的情况是，冬天的时候根本就没有蝉，就像我们也不会在夏天看见雪一样；蝉也不会去偷吃我们遗落在庭院里的米粒，因为吃这样的食物会毁了它较弱的吸管；它更不会去向小蚂蚁乞讨。

现在我做的一切是想为这个可怜的小家伙平反，还它一个清白。首先我可以肯定的是，蝉并不是懒惰的家伙。这里的7月是一个热得让人无法忍受的时节，在酷热的天气里，昆虫们也失去了往日的活力。可是蝉却似乎丝毫都不害怕这样炎热的天气，它们就那样轻松地停在树干上，然后用自己坚硬的小喙像电钻一样在树皮上扎一个小洞。看起来十分坚硬的树皮下面其实充满了汁液，这些对于它们来说无异于甘甜的佳酿，它们畅快地饮用着，高声地歌唱着，仿佛自己跟这个炎热的夏天没有一点关系。

很快，蝉在树枝上钻开的小井就开始汩汩地向外流淌甘泉了，这很难不引起其他昆虫的注意，天上飞的、树上挂的、地上爬的，刚才还静悄悄的世界一下子喧闹起来，蜜蜂、苍蝇、花金龟等蜂拥而至，当然来得最多的就是在寓言最后大肆嘲笑蝉的蚂蚁大军。

看到这里，我想我可以为蝉平反了。蝉和蚂蚁在很多时候是没有交集的，即便是有，也不是像寓言中说的那样。事实正好完全相反，可怜巴巴去祈求食物的蝉其实是自食其力的开拓者，而趾高气扬嘲笑蝉的其实是不知廉耻的掠夺者——蚂蚁。

整个夏季，蝉从自己的硬壳中奋力挣脱出来以

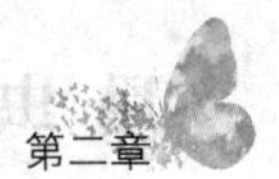

后，只能有五六个星期的欢闹时间，时间一过，它们的生命就画上了句号。它们会从树上掉下来，很快就会在太阳下化作一具干尸，此时来分解其尸体的就是之前那群掠夺者。

蝉的发声器官就紧紧地贴在后腿上，在后胸部位，像两片半圆形的锅盖一样，很宽。我们叫它音盖或者顶盖，如果尝试着把这个器官打开来，就会看到一个巨大的音腔。音腔的前面有一层质地柔软细腻的膜，呈黄色的乳状，而后面又是一层很薄的虹色的膜，像干燥的肥皂泡一样。

这些可以看得见的器官就是很多人印象中的蝉的发声器，可是如果你能忍心做下面这个实验的话，就会发现这个想法是错的。我不得不当一次坏人，因为我急切地想知道蝉为什么能那么大嗓门地唱歌。我剪掉音盖，把薄膜撕破，甚至把音腔打碎。我以为在我做出如此残忍的举动后，蝉就无法一展歌喉了。结果却让我大吃一惊：它还会唱歌，只是音量变小了。由此我推断，人们所认为的发声器官并不是蝉真正的发音工具，它至多是蝉用来增强音效的辅助器官。

蝉真正的发声器官其实是在它的音腔外侧，跟腹背交接的地方，那里有一个包着角质外壳、像纽扣一样大小的孔，音盖就罩在它的上面。我叫它音窗，它通向另外一个比音腔要大得多的空腔。这个空腔的外壁是一个很难让人忽略的地方，因为在一片闪着银色光泽的绒毛中，只有这里黑得几乎失去了光泽，而且像一个小丘陵一样微微隆起，整个呈椭圆形。

蝉

另外一个重要的发音器官是音钹：向外突起的椭圆形薄膜，呈白色，上面还穿插着三四根褐色的脉络，这样一来，这里的弹性就更加出色。整个音钹固定在周围坚硬的框架上。当脉络受到拉伸的时候，自然会带动整个音钹向中间凹陷，但是坚固的框架让脉络无能为力，最终还是要弹回来，这样，音钹又迅速地回复到凸起的状态，清脆的声音就这样产生了。

为什么蝉们几乎整个夏天都在不停地叫？很多人可能会毫不犹豫地回答，这是雄性蝉对雌性蝉的吸引方式。如果我没有深入地去观察它们，也许我也会这样认为，但是我家门前的两棵法国梧桐每年都招来各式各样的蝉，15年来不曾间断，使得我不得不走进它们之中，好好了解一番。

其实，蝉高声鸣叫不单单是为了吸引雌性的注意力，如果真的只是为了吸引雌性的注意力，那么找到雌性的雄性就完全没有了鸣叫的必要，但实际情况不是这样的。所有的蝉成群结队把自己的喙钉在树皮里吸取甘甜的汁液，然后似乎就不再离开这棵树了，它们喜欢炎热的太阳，于是，就跟着太阳旋转，让自己尽可能地暴露在阳光下。每过一小会儿，就换一个地方继续畅饮，就算在畅饮的过程中，它们也不会停止高歌。并且，很多雄性的蝉身边已经有雌蝉的陪伴了，它们还是高声地歌唱着。

我还有另一个证据，那就是蝉的听觉非常迟钝。我曾经做了让我至今还难以忘怀的实验，我向镇上借了两个大炮，里面装上鸣放礼炮用的火药。然后让我的几个昆虫爱好者朋友们在窗台前做好记录：放炮前这些歌唱家们都以什么样的阵形在歌唱，数量是多少。然后我毅然点燃了大炮，“轰隆”一声巨响过后，我本以为树上什么都没有了，可烟雾散去后，我甚至对眼前的景象有点不敢相信。蝉儿们还在悠然自得地畅饮着，阵形没有变化，数量也没有变化，就像刚刚什么都没有发生过一样。

当然，蝉有非常敏锐的视觉系统，较大的复眼和3只钻石般

的单眼能让它们清楚地看到自己的周围是否有危险逼近，一旦有人接近或是有其他天敌靠近，它们会停止歌唱，立刻逃命。但是，这些视力超群的小东西都是聋子，它们只对看得见的危险才会采取行动，所以只要没有人打扰它们，再大的声音也不会惊吓到它们的。从这个角度来讲，蝉的歌唱是为了吸引异性这一猜测也并不科学。

通常情况下，昆虫并不需要嘹亮的告白、无休无止的倾诉，来表白爱情，它们在靠近异性时，往往会比以往更沉默。所以，我们不妨把蝉的高声歌唱当作它们对美好生活的一种欢愉的表达，也许并没有什么具体的意义。它们只是为了生活的美好，歌唱是它们生命中的一部分。

思考·感悟

1.蝉的发声器官在什么位置？

2.为什么整个夏天蝉都在不停地叫？

萤火虫：屁股上挂灯笼的虫子

“朗皮里斯”，这个希腊语中的词汇的本意是“屁股上挂灯笼者”，接下来我将为您介绍的就是那种家喻户晓的、屁股上挂着一只小灯笼的、能在黑夜里发光的昆虫——萤火虫。

表面看上去小巧柔顺的萤火虫是一种食肉昆虫，一种比樱桃还要小一些的变形蜗牛是它们的最爱。这些变形蜗牛喜欢生活在稻田里或者沟渠边。萤火虫对自己食物的聚居地十分熟悉，所以它们常常潜伏在那里，只要一发现蜗牛就会迅速出击，用精湛的外科技巧将猎物麻醉，然后大快朵颐。

为了得到更准确的资料，我在家里养了一些萤火虫。养殖方法很简单，只需要一个大玻璃瓶、一点青草、几只蜗牛，然后把萤火虫放进去就可以了。

经过漫长的等待之后，我终于看到了惊险的一幕：被萤火虫盯住的那只蜗牛全身都藏在壳里，只在壳的边缘露出了一点软肉。萤火虫在旁边窥伺了很久，猝不及防地一头扎了过去，看上去像是轻轻地触碰了蜗牛的软肉一下。蜗牛并没有"嗖"地缩回壳里，而是像中了定身咒一样，纹丝不动。这一切，不过是眨眼间发生的事。

接下来萤火虫就取出了它们的手术刀——两片呈钩状的锋利的大颚，这需要借助放大镜才能看到，因为那大颚只有一根头发丝粗细，用肉眼难以分辨。如果把它们放到显微镜下，还能看到弯钩上的细细凹槽。萤火虫用它们轻轻击打蜗牛壳封口处的薄膜，就像在温和地敲门一样，在这个过程中利用带槽的弯钩把毒汁注入蜗牛身体里面，使蜗牛彻底失去生气。

萤火虫从幼虫时期就能发光，它们尾部的发光小点是生来就有的，这是整个萤火虫家族的特点。成年之后，雌虫和雄虫之间会出现差异。成年雌萤的发光器长在腹部的最后三节，发光器的前两节几乎把它们

萤火虫

名师导读

小朋友可能会觉得，蜗牛这种昆虫本性温柔平和，很容易对付，萤火虫却还要使用麻醉的手段，是不是有点多此一举呢？当然不是。因为蜗牛的肌肉也是强劲有力的，如果萤火虫不麻醉，而是用蛮力对付这个有着坚硬外壳的家伙，那就很有可能失败。

萤火虫把蜗牛麻醉后，会和同伴一起分享美餐。萤火虫们围在昏迷的蜗牛旁，重复地轻轻蜇咬，同时将体内专门的消化素输入到蜗牛壳里，这只蜗牛就变成了肉粥。萤火虫们就像我们喝牛奶一样，把蜗牛"喝"到肚子里。

的腹部全部遮住了，呈现宽带状，发出的亮光在腹部才能看见，但这是萤火虫发光体中最亮的部分；最后一节的发光体要小得多，是两个新月状的小亮点，光芒可以从背部透过去，也就是说尾部的光不管是从背部还是从腹部都能看得见。雄萤虽然像雌萤一样从孵化时起就有尾部的光点，但即使发育充分之后，也不会长出那腰带般的宽宽的光带。

我曾经把一只萤火虫的光带的大部分分离了出来，在显微镜下，我发现有一层细腻的黏性物质附着在表层，这种白色涂料就是光化物质。与它紧紧挨在一起的是一根短而粗的气管，这根奇怪的管子上布满了分支，支流向四处延伸，遍布了整个发光层，甚至深入到了萤火虫的身体里。可见，萤火虫的发光器受呼吸器官支配，这些主干和分支都是输送空气（或者氧气）的通道，而白色涂层上就是可氧化的物质，当气管里的空气接触到这些物质后产生氧化，就会发光。

萤火虫可以完全控制自己的灯光，它们能够随意调整自己身上光芒的强弱，必要时候甚至可以熄灭它们的光。

要办到这一点，萤火虫有一套非常巧妙的方法，那就是调节通过气管接触到光化层的空气流量。当萤火虫通过调节呼吸或其他方式减少了从气管到达光化层的空气流量时，光度就变弱，但是如果萤火虫增加了通气量，光芒就会变强，一旦空气流通的阀门被完全关闭，比如萤火虫像人一样屏住了呼吸，那么光芒可能就会慢慢变弱直至熄灭。

萤火虫的尾灯会由于某种不安情绪或突然的刺激而完全熄灭。但是雌萤即使受到强烈的惊吓，它们身上的光带也很少会受到影响。因为光带是进入交配期的雌萤所特有的装饰品，它们对即将到来的欢愉时刻充满期待和热情，不肯轻易把它们的灯全部熄灭。

雌萤为了吸引情侣，会在夜幕降临后，爬上草丛或树木上的显眼处，然后开始扭动自己的屁股，让尾灯和腹部的光带像追光灯一样不时射向雄萤可能飞来的所有方向。只要有寻偶的雄萤从附近飞过，就一定能看到这盏明亮的、一直旋转着的灯。

雄萤的两只眼睛大而突出，呈现球冠形，彼此相接，中间只有一条狭窄的槽沟让触角放进去；它们的盔甲就像一具盾牌，头顶处的护甲向上延伸，比头还高出了一些，像灯罩一样能够将视野缩小，并把目光集中到要识别的光点上；两只复眼缩在大灯罩所形成的空洞里，几乎占据了整个面部——这些特点使它们能够在远处发现雌萤发出的灯光。

雄萤发现雌萤之后，双方就会进行交配。交配时，雌萤会减弱腹部光带的亮度，只留下小小的尾灯。交配过后，雌萤就会产卵，和很多昆虫不同的是，这些发光的昆虫没有丝毫母爱，它们把白色的圆卵随便就产在什么地方后就飞走了。

当萤火虫的卵还在雌萤肚子里时就能发光。这些卵产出来时就泛着浅浅的白色的柔光，孵化后的幼虫无论雌雄都有尾灯。刚出生的幼虫会在天气转冷后就钻到地下，即使在冬天它们的灯也是亮着的。当天气转暖后，大概在4月份时，幼虫才钻出地面，完成演化过程。萤火虫的一生都在发光，从卵到成虫都是如此，这也是它们能如此出名的原因之一。

思考·感悟

1.萤火虫的发光部位在什么地方？雌雄之间有什么差异？

2.萤火虫用什么方法控制光的亮度？

蓑蛾毛虫：躲在柴捆里的小东西

春季来临的时候，在灰蒙蒙的小路和破旧的城墙壁上，一些

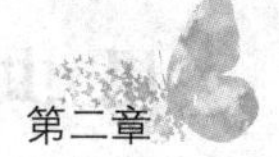

静止着的小柴捆会突然间晃动起来。柴捆里面通常有一条黑白色的小毛虫，看起来挺漂亮的，长得也有点粗壮。待在柴捆里的它们就好像发动机一样，带着柴捆行动。小毛虫只将自己的脑袋和一半身体伸出柴捆。假如听到外界的丝毫动静，它们就会立刻将全部身体都缩回柴捆，一动也不动。

为了让自己的身体不受伤害，在没有变化之前，毛虫让自己躲在柴捆之中。虽然简陋，但也是一个不错的避难所。毛虫会一直躲在里面，直到身体蜕变之后才会将它们抛弃。对于毛虫娇嫩的身子来说，这件外衣或许会有些扎身子，不过没关系，因为毛虫会为自己编织一层厚厚的丝绒里子。

这些钻在柴捆里面的小毛虫是蓑蛾家族的成员。它们在临近蜕变之时，通常会将自己的身体吊起，显得昏昏沉沉。柴捆看起来像一个锤子的形状，长度大约4厘米，前段是固定着的，后面的部分则比较松垮，因为这样的方式比较容易活动。它们把整个柴捆编织得有条有理，非常整齐。

蓑蛾对编织房屋的物质没有太多特殊的要求。蓑蛾毛虫认为任何物质都有其用途，所以它们总是会不加区别地对待这些东西。毛虫不会对找来的材料进行特别的加工，无论长度如何，也无论样子怎样，只要是干燥的、轻薄的、面积大小合适的，能够在空气中长期停留，受到浸渍的通通可以为毛虫所用。就连屋顶上方的板条，蓑蛾也不会对其进行切割，而只是原汁原味地将其排列组合。板条的排列通常呈叠瓦状，一根接着一根。

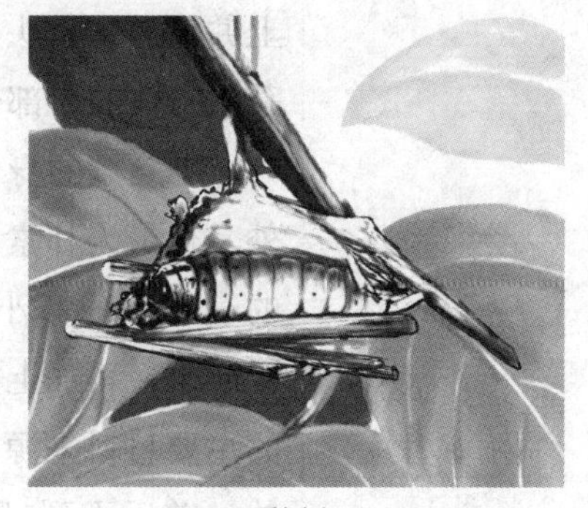
蓑蛾

柴捆的前段有一个圆筒似的颈状物，它们能够让毛虫在任何

名师导读

蓑蛾，又名袋蛾、避债蛾，目前已知的有800余种，我国有100余种。常见的有大袋蛾，主要分布于我国南方地区、日本、印度、马来西亚等地。这种昆虫会对油桐、油茶、茶、樟、杨、柳、榆、桑、槐、乌桕、悬铃木、枫杨、木麻黄、扁柏，以及苹果、梨、桃等林木造成危害。

一个方向上进行劳作而不受到丝毫妨碍。颈状物上面布满了细小的木块，整体上呈现为丝质的网状结构，它们对于柴捆的牢固程度有着适当的加固作用，同时也不会降低柴捆的韧性。

构成柴捆的栅条数目各不相同，有的柴捆甚至由80根以上的栅条构成。栅条被拆解后里面是一个空心的圆柱体，从前到后，每个柴捆都是如此。圆柱体的两端都裸露在外面，有着非常结实的丝质组织，用手指根本不能将它们拉断。这种丝质组织的外部呈灰色，比较粗糙，还有一些小木片嵌在上面；而内部则是白色，细腻光滑。

不同种类的蓑蛾，虽然它们的柴捆在基本布局上都保持着一致，但是不同的柴捆在细节方面也有着很大的差异。像黑蓑蛾的柴捆，无论在大小上还是在建造的整齐程度上，都胜过了单色蓑蛾。

单色蓑蛾的柴捆有着非常厚密的覆盖层，很多小木块镶嵌其中。一般的蓑蛾在身体的前段总会用枯叶做成一个类似头巾的东西，看上去有些笨重。这种头巾在单色蓑蛾身上非常常见，但是黑蓑蛾身上并没有这种头巾。不仅如此，除了颈状物，在黑蓑蛾身体的后部也没有裸露着的部位。

小蓑蛾的身体在同类中是最小的，它们的柴捆外套也最为朴素。它们所居住的柴捆是由一些腐烂的麦秸制成。小蓑蛾将这些麦秸平行地成叠状放置起来，再加上柴捆的内里层，这就是小蓑蛾外衣的主要材料来源。它们的柴捆并不大，像个盒子似的，前后不到1厘米。小蓑蛾在冬天快要逝去的时

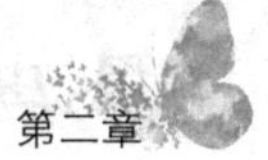

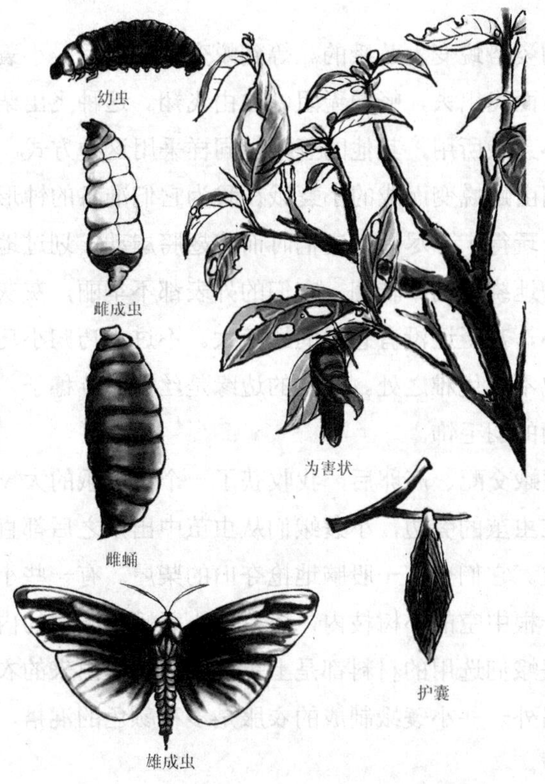

蓑蛾毛虫的变形记

候爬得到处都是，墙上、圣栎树、榆树、油橄榄树、坑洼及枯树皮等，只要是能够藏身的地方，它们都会钻进去。

4月的时候，我到处搜罗着小蓑蛾。这些蓑蛾毛虫在蜕变之前都是悬挂在树皮或是墙上面，不过我已经将它们拿下来放在了金属钟形网罩里。它们为了让自己能够再次悬挂起来而不停地忙前忙后，用丝线将自己吊挂在钟形网罩的顶端。一番忙乱的景象之后，钟形网罩里面又恢复了原有的宁静。

到了6月末，这种小蓑蛾的毛虫就蜕变了。毛虫蜕变时会把柴捆的前端，也就是正大门，固定在支撑物上，并且永远保持这个姿态。然后毛虫会将自己的身体完全掉转，最终它们就是以这种翻转的姿势蜕变为蓑蛾的。等到蜕变完成之后，小蓑蛾只能通过柴捆后面飞出去，畅通无阻，自由飞翔。这种飞出柴捆的方法不仅为小蓑蛾所用，其他的蓑蛾也同样采用这种方式。

刚刚由蛹蜕变而成的小蓑蛾在我为它们准备的钟形网罩里四处飞舞，玩得十分尽兴。它们时而将翅膀扇动，划过地面；时而又兴冲冲地绕着网罩转圈。它们的外表都不华丽，灰灰白白，翅膀非常小，甚至还没有苍蝇的翅膀大。不过小巧归小巧，小蓑蛾的羽翼也不乏优雅之处。翅膀的边缘是丝状流苏穗子，触角上是非常美丽的羽毛饰。

小蓑蛾交配、产卵后，我收获了一个小蓑蛾的大家庭。我把柴捆放在虫茧的旁边，小蓑蛾们从虫茧中出来之后都直接奔赴柴捆的方位。它们全都一股脑地抢夺旧的柴屋。有一些小蓑蛾径直地走进一根中空的小树枝内，还有的小蓑蛾把柴屋的内壁刮了下来。小蓑蛾们选用的材料都是上等的，所制作出来的衣服也白净亮丽。另外一些小蓑蛾制成的衣服是多种颜色的混搭，上面有褐色的细粒。

小蓑蛾的大颚就像一个锋利的剪刀，每一边都有5颗强劲的牙齿。大颚也正是小蓑蛾用来收集材料的工具。我用显微镜对其进行了仔细的观察，这把工具的精密程度不可想象，它们甚至能够将任何纤细的纤维拔起来。小蓑蛾善于从自己已经死去的母亲的衣服中搜集材料，然后为自己量身定做一件新衣。为了能够将自己细嫩而脆弱的身体掩盖，它们很快就能收集到很多小栅条。

思考·感悟

1.单色蓑蛾的柴捆有什么特点?

2.小蓑蛾的毛虫在几月份蜕变?

大孔雀蛾：迷人的禁食者

一只大孔雀蛾在5月6日的上午从我实验室桌子上的茧子里孵了出来。这是一只雌性的大孔雀蛾，我赶紧把这只蜕变了的大孔雀蛾放进我的金属钟形网罩内。它浑身湿透了，这是因为孵化时的潮湿导致的。

大孔雀蛾

大孔雀蛾拥有美丽的外表，穿着栗色的天鹅绒外套，还系着一条白色的皮毛领带。它的翅膀中间有一个圆形的斑点，就像是一只漆黑亮丽的眼睛。这个圆形的斑点拥有美丽的光环，像彩虹一样，栗色、鸡冠花红色以及白色等色彩交相辉映。翅膀的周边呈烟熏的白色状，而中间则有一条之字形的曲线穿过，同样是白色的。此外，大孔雀蛾的翅膀上还布满了灰色和褐色的斑点。

晚上快9点的时候，我听到隔壁房间的一阵骚乱声。我跑过去，看到数不过来的大孔雀蛾飞满了房间。这些大孔雀蛾正是早上被囚禁起来的那只雌蛾招来的，想必它们已经把我的整个房子都占领了。幸亏有一个窗户还开着，这能够让它们畅通无阻地从我的居所中出去。

走进实验室后看到的场景更是让我记忆犹新。一群大孔雀蛾围绕着关着那只雌蛾的钟形网罩飞着。它们一会儿飞过来，一会儿又飞走，与天花板等实物碰撞，发出噼噼啪啪的声音。它们有时会抓住我的衣服，与我的脸相擦，还会扑打我的肩膀。有时候它们又向蜡烛扑过去，用翅膀将烛火拍灭。算上卧室和厨房里的那些，我的住所里一共飞来了40只左右的大孔雀蛾。

它们是飞来向这只雌蛾求爱的，然而这40只左右的雄性大孔雀蛾是怎样获得信息的呢？我对这群大孔雀蛾的观察持续了8天。在这8天之内，它们每次都是在同一个时间段出现在我的居所里，也就是晚上的8点到10点之间。大孔雀蛾们需要迂回地穿过一片杂乱的树枝和深黑的夜色才能到达我的住所。我的家有杉柏和松树的遮掩，整座房子都隐没在高大的法国梧桐树丛之中。在离居所大门几步远的地方有一道壁垒，那是由一些小的灌木丛形成的。还有一条通往居所的小路，就像房子的前厅似的，周边长着繁茂的蔷薇和丁香。

在这样的重重困难之下，大孔雀蛾居然义无反顾地飞来了，而且它们在飞行的途中根本没有撞上任何东西。大孔雀蛾能依靠本能，在曲曲折折的路线中准确无误地把握方向。

大孔雀蛾不可能是依靠强大的视觉来到这里的。即便它们的视网膜能够感受到一般视网膜所无法感受到的光线，也不可能强大到能够在很远的距离内得到感知。嗅觉和听觉的情况也是如此。在需要准确地依靠这两种感觉对气味或是声音的发源地进行判断时，它们总是会存在这样或是那样的偏差。

我在实验室周围的其他地方也看到一些大孔雀蛾。它们有的从下面飞进来，在前厅中徘徊，顶多也就是飞到楼梯跟前。不过楼梯的上面是一扇紧闭着的门，这是一条死路。除了一般的光辐射带给大孔雀蛾通往目的地的信息，还有另一种东西从远处为它们提供信息。这种信息把大孔雀蛾引到目的地附近，让它们在徘徊中寻找确切无误的地点。

大家猜测为大孔雀蛾提供信息的另一种东西是它们的触角。雄性大孔雀蛾拥有具备探测器作用的宽触角，处于发情期的它们正是靠着触角发出的信号来到雌性大孔雀蛾的藏身之地的。那

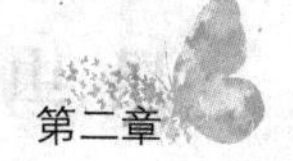

么，大孔雀蛾身上披着的那身美丽的外套就没有为它们提供一些信息吗？难道这身华美的羽毛饰就只是作为衣服来穿的吗？

在对这群大孔雀蛾进行观察的第二个夜晚里，我找到了8只在10点之后仍旧不肯离去的大孔雀蛾。我将这8只大孔雀蛾的触角用剪刀齐根剪了下来。这些被做了手术的大孔雀蛾好像并没有因为被剪去了触角而感到痛苦，只是在窗户上静静地停留着，直到这一天彻底过去。

为了得到更好的研究成果，我将雌性大孔雀蛾转移到了住所中另一边的门廊下，并将钟形网罩放在了地上。这个地方距离我的实验室大约有50米。

夜晚到来之后，我对那8只被剪掉触角的雄性大孔雀蛾进行了最后一次观察。它们中的6只已经消失不见了，而剩下的2只则都掉在了地板上。看上去筋疲力尽，没有丝毫生气可言。不过，这并不是因为我除去了它们的触角，而是因为它们的衰老所致。

那么，那6只消失不见的大孔雀蛾会不会再次找到装有雌蛾的，而且已经被换了地方的钟形网罩呢？

我准备了一个暂时安放雄性大孔雀蛾的房间，这个房间比较宽敞，没有任何装饰，所以不会有东西能够对大孔雀蛾造成伤害。我时不时地会提着灯笼来到安置雌蛾的钟形网罩面前。飞来的大孔雀蛾通通被我抓住，我对它们进行了一番辨别之后便把它们放进了刚刚准备好的临时房间。

我在10点半之后结束了这一晚的实验。在收集到的25只大孔雀蛾中，我发现了一只被剪去触角的。这是一个比较微小的成果。在昨天被剪去触角的那6只大孔雀蛾中，只有其中的1只再次寻找到了雌蛾的所在地。这个实验结果并不能对触角的作用做出任何肯定或是否定性的判断，所以更大规模的实验迫在眉睫。

名师导读

大孔雀蛾一生中唯一要做的事情就是寻找配偶。为了这一目标，它们与生俱来一种很特殊的天赋：不管路程多么遥远，飞去的途中有多少艰难险阻，它们总能克服一切找到它们所要找的对象。大孔雀蛾的生命只有两三天，也就是说，在孔雀蛾的一生中，它们只有两三天可以每晚花上几个小时去找它们的伴侣。如果在这期间它们无功而返，那么它们的一生也将就此结束了。

到了第二天早上，我再次对这25只大孔雀蛾进行了观察。除了那只已经被剪去触角的大孔雀蛾（事实上，它已经快要死去），我对其他的24只大孔雀蛾也实施了剪除触角的手术。之后，我把这间房间的房门打开来，让它们可以自由地离去。在这24只被动了手术的大孔雀蛾中，已经有8只衰弱到快要走向死亡，只有另外的16只离开了房间。

为了保证实验的准确性，我又把装有雌蛾的钟形网罩换了地方。这次我把钟形网罩放在了底楼侧面的一个房间中，而且保证进入这个房间的通道没有阻碍。这个晚上，前一天离去的16只大孔雀蛾中，没有一只再次找到这个钟形网罩。

这样看来，被剪掉了触角对于大孔雀蛾来说确实有些严重。但是在下这个结论之前，我还有一个很大的疑问没有解决。被剪去触角的雄性大孔雀蛾会不会是因为缺少了器官而羞于出现在雌蛾面前？我需要再次进行实验。

这是实验的第四个夜晚。这一次我抓了14只大孔雀蛾作为实验的对象，它们全都是完好无损的新来者。我照旧找了一个临时安放它们的房间，并且让它们在那里过夜。到了第二天，我在它们一动不动的时候拔掉了它们前胸的一些毛。

夜晚来临，我依旧对钟形网罩的位置做了变更。这14只大孔雀蛾中没有变得精疲力竭的，它们全都在夜间开始了活动。2个小时过后，我一共抓到了20只前来求爱的雄性大孔雀蛾。然而，只有2

只是被我拔过毛的，其他的12只全都没有再次出现。看来它们的求爱欲望已经完全消失了。

每次雄性大孔雀蛾在我的强制之下度过一个夜晚后，我都会在第二天看到它们精疲力竭的状态。对此我唯一的解释就是：它们的求爱欲望已经没有了。不置可否，雄性大孔雀蛾一生的唯一目标就是求爱。这也是所有蝶蛾都具有的本能活动。

这样的本能让它们飞过很长的距离、越过很多的障碍，以及穿过深深的黑暗，最终找到自己所喜欢的雌蛾。而失去这些本能的大孔雀蛾便会失去求爱的欲望。它们会在一个角落中等待着死亡的来临。

与那些终日忙碌于觅食的蛾子相比，大孔雀蛾绝对是一位禁食者。它们不需要依靠进食来恢复体力。大孔雀蛾的口腔器官其实是个空洞的东西，一个不折不扣的半成品。由于不懂得吃东西，因此只需要熬上两三个夜晚，它们就会在精疲力竭中结束自己短暂的生命。

思考·感悟

1.作者一共捉了多少只雄大孔雀蛾？

2.大孔雀蛾的寿命一般是多长时间？

小阔条纹蛾：靠气味吸引异性

我一直在寻找这样的虫茧：钝形的，十分漂亮，今天终于得到了。一个7岁的小男孩帮我找来的，这是他前天晚上在沿着篱笆割兔子草时发现的。小男孩走后，我对这只美丽又坚固的浅黄褐色茧子仔细地进行了研究。根据在书本中得到的一些材料和信息，我几乎可以肯定这只茧就是橡树蛾的茧。

名师导读

小阔条纹蛾，又叫小阔条纹蝶、橡树蛾、布袋小修士，属于昆虫纲，鳞翅目。它是一年生动物，春生秋死。它们体型优美，触角短小，翅膀上有淡黄色鳞片，有“会飞的花朵”之称。雄蝶外表为棕色，前面的翅膀横有一条泛白的、长有像眼珠似的小白点；雌蝶衣着与雄蝶一样，但是其长袍是米黄色，更加淡雅。

雄性的橡树蛾拥有一身浅红色的衣服，就像修道士的长袍那样。它们的翅膀前面有一条颜色比较浅的带子，上面还有一些小白点，就像眼睛似的。它们的另一个名字叫小阔条纹蛾。

在8月20号这天，我得到了一只雌性的小阔条纹蛾，正是由小男孩给我的虫茧孵化出来的。这只雌蛾肥肥胖胖的，肚子很大，与雄蛾相比，它们的服饰是更加雅致的米黄色。就像大孔雀蛾的姿势一样，雌性小阔条纹蛾也依靠自己的前爪在金属网的纱罩上面趴着。它们在那里一动不动地待着，朝向阳光，甚至连翅膀都没有拍动一下。

小阔条纹蛾的细嫩肌肉很快就长得结实起来，这只雌蛾已经发育成熟了。它们的身体内部发生着一些变化，这种变化能够吸引远处的雄蛾前来与它们成婚，然而我们的科学不能合理地解释这种现象，我们不知道雌蛾的身体内部究竟发生了怎样的变化。到了第三天，婚配开始了。我看到一只雄蛾在那扇打开的窗户旁边来回飞着，还有一些雄蛾趴在墙上静止不动，好像远距离的飞行已经让它们累坏了似的。这些雄蛾都是大老远飞来看关在网罩中的雌蛾的。

一群雄性小阔条纹蛾在我的实验室中飞舞着，我用肉眼估算，有60来只。这样的景象与大孔雀蛾的晚会如出一辙，只不过这次是发生在白天。关在网罩中的雌蛾与外面飞舞的雄蛾不同，它并没有显出十分兴奋的样子，只是一动不动地在网罩上趴着。雄蛾们依旧活跃，有性急的雄蛾甚至已经停在了钟形网罩外面，互相挤着对方。还有的雄蛾在敞开的那扇窗户与钟形网罩之间徘徊。这些雄蛾的兴奋状态基本上持续了3个小时左右。等到傍晚来临时，它们的热情似乎已经减退了。在窗子周围飞绕的雄蛾们安静了下来，让自己的身体贴在窗子上，保持不动。这和大孔雀蛾的做法一模一样。由于金属网罩的阻挡，雄蛾并没有与雌蛾发生关系，因此明天照样会出现热闹的场面。

然而，让我羞愧的是，第二天并没有出现我所预料的场景。就在前一天晚上，有一个人给了我一只螳螂。我把螳螂与雌性小阔条纹蛾关在了一起，完全没有想到这只有铁钳的昆虫将会为网罩中的雌蛾带来怎样的厄运。第二天当我看到螳螂吞食雌蛾的场面时，我感到万分的后悔与遗憾。

实验由于螳螂的破坏失败后，我又等了足足3年。这一次我收集到了两只小阔条纹蛾的虫茧。它们在快到8月中旬的时候孵化了2只雌蛾出来。我又开始进行我的实验了。

小阔条纹蛾虽然是在白天来我的实验室，但是它们并不比夜间活动的大孔雀蛾显得笨拙。我把关放雌蛾的钟形金属网罩放在任意一个地方，前来的雄性小阔条纹蛾都能将它找到。而当我把雌蛾放在一个密封很好的盒子中时，雄性小阔条纹蛾就找不到它了。

为了测试它们的嗅觉，我找来一打茶托，其中有的盛放着茶，有的放着宽叶薰衣草精，一些放着带臭鸡蛋味的碱硫化物，另外一些则盛放着石油。我把这些装着各种气味的茶托分别放在钟形金属网罩和这个罩子的周边。我的目的是让雄蛾到来之时，房间里充斥着各种各样浓烈的气味。

为了给雄性的小阔条纹蛾增加寻找的难度，我特意用一层很厚的布将钟形金属网罩盖了起来。下午3点时，我的实验室中充斥着各种怪异又让人恶心的气味，非常浓烈。我甚至担心这样的混合气味会让雄蛾找不到目标。然而，事实证明，我的担心是完全多余的。雄蛾照样一群一群地飞到了我的实验室，它们想方设法想要钻入网罩与雌蛾相见。

接下来，我想要测试小阔条纹蛾的视力。于是，我把雌蛾从曾经它待过的钟形网罩中取走，把它置放在了1个玻璃质的钟形罩里。我在这个玻璃罩中放了1根有枯叶的橡树小枝杈，作为雌蛾在里面的支撑物。然后我把这个玻璃罩放在桌上，朝向那扇开着的窗户。这里的光线非常好，雄性小阔条纹蛾从这里飞进来时一定会看到雌蛾。我把原先安放雌蛾的那个金属钟形网罩放在了客厅某个角落的地板上。这个位置与窗户的距离有12步之多，光线并不是很好。

然而，雄性小阔条纹蛾对窗边桌子上的雌蛾不闻不问，好像根本没有发现它一样。这些雄蛾直奔钟形网罩的所在地，在那周围盘旋或是歇脚，舍不得离开。一直到了太阳落山，一些雄性小阔条纹蛾才飞走了，而另外一些还是依依不舍，身子一动也不动。实验的结果让我对气味的作用再次有了信心。因为空无一物的钟形网罩的确前一天还关着雌蛾，即便雌蛾在第二天被我取走，但是那里面还有它散发出来的特殊气味。这也是雄蛾对那里恋恋不舍的原因。而关放雌蛾的玻璃罩却根本没有一只雄蛾前去问津。

吸引雄性小阔条纹蛾的是雌蛾散发出的一种气味，这些气味的储备需要一定的时间。由于之前我把玻璃罩放在了桌子上，内外的空气得不到流通，因此，即便玻璃罩内放着雌蛾，雄性小阔条纹蛾也闻不到雌蛾散发出的气味。当我在玻璃罩与安放它的支撑物之间隔开了一定的距离时，雄蛾便成群结队地飞来了。

由于昆虫的种类不同，它们所散发出来的气味对异性的吸引

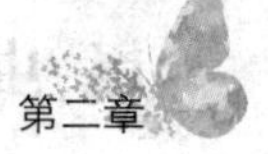

时间也因此而不一样。早上被孵化出来的雌性大孔雀蛾，在当天的夜晚可能就会吸引来一些雄性大孔雀蛾的探望。虽然说一般的情况是发生在40多个小时之后的第二天。小阔条纹蛾则不同，雌蛾在出生之后两三天内才会吸引大批的雄蛾前来参加婚礼。

有一个依旧让人迷惑的东西，那就是小阔条纹蛾的触角。之前在对大孔雀蛾做实验的时候，有人认为它们的触角或许起到了探测器的作用。然而这种看法最终被我的实验否定了。那么，小阔条纹蛾的触角是不是具有这种指南针的作用呢？虽然那些被我剪掉了触角的小阔条纹蛾没有一只再返回雌蛾的所在地，然而这并不说明它们是因为丧失了方向感才没能找到雌蛾。与大孔雀蛾一样，雄性的小阔条纹蛾之所以没有再出现在雌蛾的面前，是因为它们的精力已经耗尽了。

思考·感悟

1.作者第一次是通过什么方法得到雌小阔条纹蛾的？

2.小阔条纹蛾的视力怎么样？

石蛾：打扮古怪的艺术家

在着装打扮的巧妙和古怪方面，几乎没有一种昆虫能够胜得过石蛾。以水塘为居处的石蛾生活在一个自制的篓子中，这个篓子既是它们的衣服，又是它们流动的家。在制作这个篓子时，石蛾充分表现出了它们狂乱多变的艺术气质。这位艺术家不加挑选地从水底收集材料，使得整座建筑物变得像一个杂物堆。而且，在它们的一生中，篓子的建筑风格也会不断转变。

幼年时期的石蛾，喜欢用粗糙的藤柳编制篓子。幼虫在水底发现了由于长期浸渍而无法弯曲的无皮侧根，于是使用大颚将侧

名师导读

石蛾在德语中被称为“住在管巢里的蝇”，但实际上它并不是蝇类，反而与蝴蝶更相近，外观看起来与蛾相似。

石蛾幼虫生活在湖泊和溪流中，偏爱较冷而无污染的水域，其生态适应性相对较弱，是显示水流污染程度的较好的指示昆虫。

石蛾幼虫常隐蔽在水底和植物丛中，而且整个身体被网筒式巢穴包围起来，要想发现它们也并不是一件容易的事情。

石蛾的幼虫要经过多次蜕皮才能发育为成虫，每次蜕皮后它都会再筑造一个更大的、筒筒式的新巢穴。如果运气好的话，可以捡到幼虫蜕皮后留下的空巢。

根锯成细小的直棍，然后将这些棍子水平固定在篓子边缘，使之与中心线垂直。很显然，这时的石蛾着装还相当粗糙，这个凌乱的、到处露出藤柳的篓子，并不适合水底的旅行。因为在穿越杂乱的水草时，石蛾很可能被露出来的藤柳绊住。

等到石蛾长大一些，这个柳条篓就显得过分狭窄了，这时，幼虫就会截去一段篓子，确切地说是拆开并抛弃篓子的后部。紧接着，它们开始尝试运用更多的材料来建造房屋。小梁、木质圆材、茎秆、灯芯草管、枝杈碎屑、小块树皮、大粒种子等，都能够作为材料得到运用。石蛾将这些东西胡乱地叠放起来，或横或直，或凹或凸，粗的与细的混在一起，好看的与难看的相接，使这件衣服充满了无序的美感和艺术的气息。

在石蛾的作品中，有时会出现一些美得令人难以置信的镶嵌工艺品，它们通常由各式各样的细小贝壳组成。这一类工艺品的模子是用扁卷螺做成的，石蛾在螺壳优美的螺旋圈中添加装饰品，在同一个水平面上一个接一个地镶贴，形成了一个很好看的整体。不过，在对装饰品的选择上，石蛾再次表现出了不拘一格的艺术家气质。它们往往找到什么就往螺旋圈上添加什么，不论种类，也不计大小。至今为止，我见过的装饰品就包括瓶螺、田螺、椎实螺、黄蘩、灯管螺、牛头螺等。

总而言之，石蛾在制作篓子时，会就地运用各式各样的材料，不过，水底的石头和卵石不在

它们的考虑范围之内。因为石头的密度和重量实在太大，会对篓子的灵活性造成不好的影响。这座活动房屋是在水底建造出来的，再加上材料的多样性，所以它的密度大于水，根本不能漂浮在水面上。既然如此，为什么石蛾不肯在篓子的材料中加入小石子，索性让自己停留在水底呢？

对此，石蛾有自己的考虑。要知道，水塘中的生活并不总是风平浪静的，它们常常会遇到天敌和一些难以预知的危险，为此，它们的房屋必须是活动的，能够随时前进后退、上浮下沉。那么，石蛾怎么操纵这个无法漂浮于水面、也无法稳定停在水底的篓子呢？

答案就藏在篓子的结构当中。仔细观察篓子后部就会发现，这个被截去一段的地方有一张隔膜，是石蛾用丝织成的，中心处有一个圆形的洞口，这就是篓子浮沉的动力来源。篓子的外部虽然看起来杂乱无章，内部却柔软光滑。石蛾用足钩住篓子后部的丝质衬里，使自己能够自由地在管状篓子的内部前进或后退，同时也可以借此控制篓子。

完全缩进篓子中时，石蛾能够占据篓子的所有空间，但是，只要它们的身体的一部分离开篓子内部，篓子中就会形成一个空隙，由于后部隔膜的存在，这个空隙会立刻注满水。

石蛾

当石蛾想要浮上水面做一个日光浴或玩耍嬉戏时，它们就会努力地向上游动，它们越过草丛，从一个支撑物抵达另一个支撑物，就这样到达水面。它们先将篓子后端露出水面，然后身体的一部分从篓子里移出来，使后部的空隙中充满空气，这样一来，石蛾就可以浮在水面上玩耍了。当它们想潜下水去时，只需让身体完全缩回篓子里就可以了。空气被排出之后，篓子的密度就恢复了正常，石蛾就这样缩在篓子里慢慢地沉下去。

水面上通常是险象环生的，石蛾的天敌龙虱在这里虎视眈眈。有时候，石蛾遇到的危险太大，无法摆脱，它们就会抛弃自己这件艳丽的衣服，慌慌张张地裸着身子逃生。在逃生之后，它们会再次利用各式各样的材料为自己打造另一件衣服。这一习性在昆虫界显得十分特别，因为大多数昆虫都不会回过头去做已经做过的事情，石蛾却能够在失去房屋之后重新建造一栋。显然，对石蛾来说，裸着身子在水中躲避危险的过程中，与其冒险去寻找一件不知道能不能找到的旧衣服，还不如重新做一件新的，这样更有效率，对自身的生存也更有益处。

另外，有一点需要澄清，我对石蛾的艺术感加以夸赞，并不是因为它的建筑所具有的无序之美，而是石蛾有着完美的技艺和美学原则。我在水塘中所见到的篓子之所以看起来杂乱无章，是因为材料参差不齐。石蛾在制造自己的外衣时，对材料不加选择，在自然的环境下，它没有太大的选择空间，只能就地取材，周围有什么，便用什么。

我曾经做过一系列实验，来验证石蛾的艺术才能。我把石蛾放在一个事先准备好的水杯里，在杯中我为它准备了各式各样的材料。事实证明，当材料参差不齐时，它做出来的篓子便是粗糙的；当材料优质、规整时，它做出来的外衣便宛如一件精美的工艺品。我提供给它的材料里有眼子菜的叶片和水田芹的侧根，石蛾能够将这些叶片或侧根进行精确的裁剪，然后用自己吐出来的丝线进行黏合，最后做成一件光洁柔软的丝质或呢绒内衣。做好

这件内衣后，它才会考虑给自己做一个更加牢固的屋子。

有一次，我为石蛾准备了一捆整齐、干燥的细枝，它很快便用这捆细枝建造了一栋漂亮的小木屋，木屋的外观接近五角形，每一根细枝都排列得十分整齐。在建造过程中，石蛾每次都按照同样的角度来吐丝固定材料，因此，材料规整时，建造出来的房屋便美观，材料五花八门时，有可能就会造出来一栋丑陋的建筑。

另一次，我看到石蛾很喜欢在建筑上使用被水浸渍的种子，于是想到了为它提供稻米。稻米既坚硬，又美丽，很适合石蛾用来修筑它的屋子。结果，石蛾为我呈现出一座十分优美的屋子，每一粒稻米都排列得很匀称，如象牙一般洁白雅致。

看来，先前是我误解石蛾了。这位严谨的建筑家根本不是我想象中的狂乱的艺术工作者，它谨守着古典的美学原则，追求着整齐划一的艺术风格，从而制作出精美的工艺品。可惜，由于环境的限制，它的才华被埋没了。当人们看到那凌乱的、毫无章法的建筑物时，很难意识到石蛾天赋的才能。大自然赋予了石蛾工整的艺术才华，却不提供给它工整的艺术材料，这样的悖论也算是大自然独具的魅力吧。

思考 · 感悟

1.石蛾在制作篓子时不会用什么材料？为什么？

2.石蛾的天敌是什么？

绿蝇：更为高级的分解者

我一直希望能够了解那些清除腐尸的清洁工的习俗，观察它们分解尸体的过程。在乡下，经常可以见到被农夫无意或有意

名师导读

我国最常见的绿绳种类为丝光绿蝇，即臭名昭著的“绿豆蝇”，它是一种丽蝇科昆虫，幼虫尸食性，主要滋生于腥臭腐败的物质如尸体、鱼、虾、垃圾等处，也能在猪粪及动物饲料内繁殖。成虫对腥臭的鱼肉最敏感。丝光绿蝇的繁殖期很长，雌蝇喜欢在脓疮、伤口、腐败的动物尸体等处产卵。

打死的鼹鼠或蛇的尸体，以及尸体上勤劳的开发者，但我没办法一直蹲在路边进行观察和研究。于是，在拥有了自己的院子之后，我开始着手制作一个用来盛装腐尸的空中作坊。

具体的制作过程其实很简单，我把3根芦苇枝绑在一起，形成1个三脚架的形状，支架大约有1人那么高，上面吊着一个装满沙子的罐子，为了在下雨的时候将多余的水排出，我在罐底钻了一个小洞。我把收集到的各类生物的尸体放在罐子里，条件允许的话，我会首选游蛇、蜥蜴、癞蛤蟆，因为这些东西有一个共同的特点——皮肤上没有毛——这样能够让我更容易看清入侵尸体的不速之客。

当死尸开始发臭，专业部队就蜂拥而至，这里面包括：皮蠹、腐阎虫、葬尸甲、埋葬虫、苍蝇和隐翅虫，是它们把死尸完全地消化了。其中不得不提的是比其他分解者更为高级的苍蝇。苍蝇种类繁多，一一研究的话，未免花费太多精力，我只需要知道其中几类苍蝇的习性，就可以推断其他苍蝇的习性了。

绿蝇是人们熟知的双翅目昆虫，它身上有一种金绿色的金属光泽，我常常感叹，这么美丽的外衣穿在分解死尸的清洁工身上，是多么的不相称。屡次来我作坊的3种绿蝇分别是叉叶绿蝇、常绿蝇、居佩绿蝇。前两种绿蝇的颜色是金绿色，后一种绿蝇的颜色则是铜色。它们有一个共同点，眼睛都是红色的，周边有银边环绕。

单论绿蝇的个头，常绿蝇是最大的，但叉叶绿蝇干起活来更为熟练。一次，我无意中发现了处于产卵期的它，它把卵产在了羊脖子里，具体来讲，是产在这只羊的颈椎的脊髓上。因为产地相当集中，我把脊髓抽出来，就很容易地收集到了这些卵。

卵密密麻麻的，难以计数。我把它们养在广口瓶里，等到它们在沙土里化成蛹之后，才知道卵的数目多达157个。绿蝇是分次分批进行产卵的，所以我找到的这些卵，应该只是它所产下的卵的其中一部分而已。很多时候，蚂蚁会趁绿蝇母亲产卵时实行抢劫，但绿蝇并不在乎，也不会对蚂蚁加以驱赶，因为它的繁殖能力是如此强大，蚂蚁的抢劫并不会影响整体的产卵数量，存活下来的卵足以保证绿蝇家族的延续。

绿蝇

在作坊的罐子里，有一条游蛇，它盘曲着身体，那一圈圈的缝隙便成了产卵的最佳去处，因为这里的窄缝可以躲避烈日。前来产卵的苍蝇互相紧靠着，拼命把腹部及输卵管往更深的地方塞。产卵的过程偶尔会有中断，因为产妇中途需要适当的休息，但是速度还是可以保证的。三四个小时后，这个产卵地就密密麻麻地布满了卵。我用纸做的小铲子采集了一些白色的卵，把它们放在玻璃管里，然后补充一些必要的食物。卵的形状呈圆柱形，24个小时之内就可以孵化。我知道绿蝇的幼虫吃什么，但我很好奇它们究竟是用什么方式进食。之所以有这样的疑问，是因为绿蝇进食的器官实在很奇特。

蛆虫的身体构造大致为长锥形，具体说来就是头部很尖，头部以下较宽，尾部为截面状。它的尾部有棕红色的点，这是气孔。头部其实是它的肠道入口，里面有两个黑色的口针，可以伸缩，但是我们不能把它们理解成大颚，因为两者作用不同，大颚是上下对生，而这两个口针是平行的，永远不能碰到一起。

把口针理解成咀嚼器官其实有失偏颇，它真正的作用是用来支撑蛆虫身体的，而且口针反复地伸缩能够使蛆虫产生行走的动力。把蛆虫放在一块肉上面观察，就会发现蛆虫移动的细节，它时而低头，时而抬头，还不停地用口针去触碰一下肉。它在这块肉上面不停地移动，但是，我从未见过它吞吃食物的场景。

蛆虫在一天一天地成长，而我却没有发现它消费食物的过程。如果没有吃固体的食物，那么它就是消费了液体，或者把固体的东西液化了。

为了研究蛆虫消费食物的过程，我将一块经过处理的干燥的肉放在试管里，然后把从游蛇身上收集来的卵放在这块肉上面。另外还准备了同样大小和质地的一块肉，但是没有放卵，以此作为对比。

卵孵化以后，实验的结果非常惊人。有蛆虫的这块肉变得非常湿润，而且蛆虫经过的试管壁上都留下了很重的水汽，而另一个试管的肉仍然是干燥的。随着蛆虫的运动，试管里的肉一点点融化了，最后完全变成了液体。蛆虫与肉接触，使肉的质地产生了化学反应，类似胃液的作用。

在对熟蛋白的研究中，我得到了更为有力的证据。熟蛋白在经过绿蝇蛆虫作用后变成了无色的液体，因为不够黏稠，以至于蛆虫被这些液体淹死了。作为参照，我在另一个试管里放进熟蛋白但是不放蛆虫，结果熟蛋白越放越硬。实验最终推广到谷蛋白、血纤维蛋白、酪蛋白及鹰嘴豆豆球蛋白，最后都发生了同样的结果。

蛆虫无法食用固体食物，对蛆虫而言，食物必须变为液体才

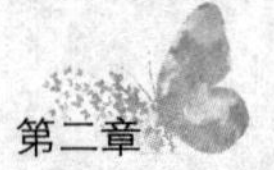

能食用。流质的食物是其生存的保障，我们可以把蛆虫的进食过程称之为喝汤。蛆虫利用口针来分解食物使其变为液体，口针不断排出微量的溶液，这些溶液的主要成分是蛋白酶，也就是说蛆虫在进食时，不是先吃进去再消化，而是先进行初步的消化，然后再喝进去。

还有一个极为简单却能说明问题的例子，也可以说明蛆虫先消化后进食的现象。首先我将鼹鼠、游蛇或者其他什么死尸放在露天的沙罐子里，为了防止其他分解者来侵袭，可以在上面套上一个纱罩。时间一长，死尸会被烈日暴晒成干尸，硬尸会渗出液体但是会被干燥空气和热气迅速蒸发掉。但是如果去掉纱罩，让分解者随意进入的话，就会看见另外一种情形，尸体会出现发臭的液体，而且沙土也会变湿，这就是液化的开始。

蛆虫看上去是一种不起眼的存在，但是它的作用却不可忽视，它将死尸的残体进行最大限度的分解，成就了亡灵，存活了自身，最终使死去的生命归入大地，提供了植物生长的沃土。

思考・感悟

1.作者经常见到的绿蝇都有哪几种？

2.在你看来，蛆虫都有什么作用？

第三章

圆网蛛：了不起的迁徙

圆网蛛是一种了不起的蜘蛛。捕食的时候，它会在两棵垂直的灌木前拉开大网。最有名的就是一种身上横纹有黄、黑、白3色相间的彩色圆网蛛。它梨状的卵袋是一个丝绸缝制的小袋子，两极间随意地分布着棕色的经线。打开卵袋，里面吊着一个顶针状的小丝袋，装着500枚左右的橘黄色的卵。这些漂亮的小宝贝们正幸福地享受母亲无微不至的呵护：小丝袋的外面有一团棕红色烟雾似的丝团，轻轻地笼着，就像一床暖暖的羽绒被。

这个动物的卵袋被太阳晒熟开裂以后，里面的几百枚卵会分散到不同的区域，各自找到一块领地。但是，这些脆弱的小生命，它们是运用了什么交通工具，找到遥远的归属地呢？我在一种比较早熟的圆网蛛那里找到了答案。

5月，荒石园里一棵丝兰的剑形绿叶上爬满了刚孵化出来的两窝小圆网蛛。这些小家伙们的尾部有一个三角形的黑色斑点，它们背上有3个白色十字图案，这说明它们不是彩带圆网蛛的孩子，而是冠冕圆网蛛的后代。阳光移动到荒石园的时候，这些小家伙们自发形成了热闹纷乱的集市。两群小圆网蛛中有一群非常激动，一只一只地爬上花茎，走一段又兴致勃勃地折回来，丝毫没有倦意。

这时，微风吹来，这群小家伙行动的队形被扰乱了，它们一只一只地从花茎上出发，然后一下子就消失在我的视线里。我当时多么希望这是在宁静的实验室里而非喧闹的露天，那样的话我也许能够更加清楚地看到刚才到底发生了什么。

我把剩下的小蜘蛛装进一个小盒子，带回了实验室，放在离敞开的窗户两步远、正对窗户的一张小桌上。想起刚才小蜘蛛爬高的喜好，我找了一捆半米长的细树枝给它们作为场所。一转眼，小家伙们全部爬到了高处，漫无目的地四处拉线，形成了以树枝梢为定点，桌子边缘为底边的一张网。在阳光的照耀下，这些小生灵变成晶莹闪光的小点，悬挂在乳白色的细网上。

许多小蜘蛛从网上摔下来，然后突然在空中停住，又安然地顺着那根丝重新爬上去。如此反复好多次，把丝捆扎成束。原来丝不会自己从纺丝器流出来，而是需要用力拉出来的。所以，蜘蛛必须利用自己的重力往下掉，或者行走，才能得到一点细长的丝。

这时，我看见几只圆网蛛在桌子和敞开的窗户间跑。当然，它们不可能悬浮在空中，进行高空行走的蜘蛛，会同时拉出一根线来保卫自己的安全。它们的身后有两根线，比较容易被看到；而在它们前面只有单根细线，所以几乎看不出来。这条看不见的丝线不是蜘蛛抛过去的，而是被一阵风带着拉过去的。不论多小的微风都能给予小蜘蛛帮助，将这一根看不见的丝线带走、拉长。在我的实验室里，敞开的门和窗给了小蜘蛛这个条件，外面的冷空气从门口进来，房间里的热空气从窗户流出，小蜘蛛们利用空气的流动，悄无声息地出发了。

我关上门窗，用棍子将全部的天桥切断。迁徙者没有了空气的流动，就没有了出发的原动力。

没过多久，蜘蛛沿着一个意料不到的方向再次出发了。火热的太阳照到了地板上，使这里温度较高，因此向上涌起了一股轻轻的气流。丝线在这股气流的作用下被抛向了天花板，并粘在了上面，蜘蛛们借此爬向了房间的天花板。

我不禁佩服起这些小家伙了。小家伙们在没吃任何东西的情况下爬上了4米高的天花板，也就是说拉出了一根至少4米的丝。工厂加工铂线时必须把材料烧红，而小蜘蛛拉丝只需要阳光加热，这是多么精细的产品加工方法啊！

这种带白色十字的圆网蛛，给我们提供了第一手的迁徙资料。但它用来蓄卵的容器只是一个很简单的丝球，与彩带蛛织的气球相比，实在是太寒酸了！为了得到最有价值的资料，我继续进行实验。

秋天，我用饲养雌彩带蛛的方法，储备了一些小蜘蛛，在这里我进行了充满期待的准备工作。我把大部分在我眼前织出来的气球分成两组，一半留在实验室里由小捆荆棘作为支撑物的金属网罩下，另一半放在室外的迷迭香树篱上。

孵化是在近3月时进行的。我用剪刀把彩带蛛的圆形巢剪开，发现一些小蜘蛛已经完成了孵化，从小房间里爬出来，慵懒地躺在外边的绒被上，而其他的橘黄色的卵还簇拥在一起，静静地酣睡。小蜘蛛不是同时孵化的，陆陆续续地要持续两周。小彩带蛛有白色的肚子，前半段像覆盖了一层粉，后半段则是黑棕色，除了在眼睛前面形成黑框，身体的其他部位都是浅棕色的。这些懒洋洋的小家伙们，躺在羽绒被上一动不动。受到干扰时，它们没睡醒似的动动脚，或者漫无目的地打几个转儿，仿

名师导读

圆网蛛是我国比较常见的一种蜘蛛，通常傍晚时分在檐前、墙角等处张网，以捕食昆虫。圆网蛛个体较大，长约3厘米，暗褐色，头部前端有单眼8个，一对螯肢位于口的前部，螯钳尖利，用以刺杀猎物，钳的末端有一毒腺孔，毒液由这里注入猎物体内。一对脚须位于口的两侧，与螯肢一起组成口器。四对步足长大，末端有爪，用来爬行。腹部很大，末端有三对纺绩器，与体内的丝腺相通，丝腺分泌的液汁经纺绩器，遇空气凝结成蛛丝。

佛还很眷恋这个地方。

它们的确还不够成熟。在接下来的4个月里，气球会慢慢变大。那是因为所有的小蜘蛛都从小房间里爬出来，在羽绒被上成长壮大。这一个精美的丝团不仅是接待站，更是健身房。小家伙们在那里使自己变得结实有力，在炎热的天气到来时为面对广阔的新世界做好准备。

小蜘蛛们大约有600只，这么多全部来自一个豌豆大的卵袋。卵袋是一个底部呈弧形的短圆柱体，是用一块结实的白色绸缎缝制的。卵袋上面有一扇圆形的门，门里嵌着一个同样结实的盖子。这个盖子应该是像植物的囊袋那样自动开裂的。在孵化期间，这个盖子会自动启封、翘起，让新生儿通过。

让我们来看看室内和室外的区别。室外迷迭香树篱上的气球在骄阳下轰轰烈烈地炸开了，喷出了棕红色的丝团和小蜘蛛。在田野里，七八月的烈日照射到毫无遮拦的荆棘丛中，小蜘蛛的住所炸开的情景仿佛在为他们饯行。而在温和的实验室里，大多气球都没有裂开，除非我插手。但是我观察到有几个气球上出现了一个圆洞，像是有钻头钻过的。显然这是里面耐不住寂寞的小蜘蛛轮流用大颚在某一点上钻洞的结果。

来到新世界的小彩带蛛们，在迁徙之前，要给自己换一身新皮。一小部分的蜘蛛随着丝团被喷了出来，绝大多数还在裂开的丝团袋子里面。小蜘蛛们一点都不着急出去，因为整装待发也不是同时进行，好几天以后，小家伙们才一批一批疏散出去。

小蜘蛛们一边经受着阳光的洗礼，一边有条不紊地进行迁徙工作。它们跟冠冕圆网蛛一样都是纺丝的好手，拉出一条细线，随风飘荡着飞走了。同一天早晨只有小部分的蜘蛛离开，场面冷冷清清，一点都不热闹。没有看到它们成群结队地飞走，我有点失望。

同样没有热热闹闹的迁徙场面的，是丝蛛的迁徙。它也有一个非常精美的卵袋，一个仅次于彩带蛛的杰作：一个星形的圆盘封在钝圆锥形的卵袋顶上，制作袋子的布料比彩带蛛的更加厚实，因此更有必要自动破裂。开裂的原理似乎同样是空气受热膨胀，也需要7月的炎炎烈日。

小蜘蛛们共同编织，发挥集体的力量，很快就搭好了一顶透光的帐篷。它们在这个临时营地住上1周，完成蜕皮的过程，把旧皮堆积在营地的地面上。换上新衣的小蜘蛛们爬上高高的秋千，在那里养精蓄锐。等它们足够成熟的时候，就陆陆续续开始出发了。吊在丝端的蜘蛛，在离地大约30厘米高的地方垂直下落，一阵风把它摇晃成了一个钟摆，好不容易落在附近的一棵小树枝上，算是到达了旅行的第一站。随后，蜘蛛又继续下落，将丝线拉到最长，等着微风把它送到充满期待的下一站。它挑剔地寻觅完美的居所，直到降临到一个满意的地方才会停止前进。

当然，如果风力大，远征也变得比较方便快捷。摆线一断，小蜘蛛就会被飞出的丝带到一定距离以外。总之，蜘蛛迁徙的方式在实质上都是一样的。

思考·感悟

1.圆网蛛是通过什么方法迁徙的？

2.小彩带蛛有什么样的特点？

蟹蛛：蜘蛛和螃蟹的混血儿

用拉丁语给动植物命名是学术界的一条规矩，但是这种规则之下常常衍生出令人不悦的现象：很多学术名词不能遵守古时的谐音，以至于默念它们时从口中发出的声音就像打喷嚏一样。当然其中也不乏优美的名字，比如我接下来要介绍的蟹蛛。

光听这个名字我们就能想象出来，这种小昆虫就像蜘蛛和螃蟹的混血儿一样，它像蜘蛛一样吐丝，却像螃蟹一样横行。从外形上来说，蟹蛛和螃蟹的区别很大，虽然它的前步足也比后步足粗壮，但是它并没有长着像螃蟹一样厚厚的、锐利的、令人心生怯意的钳子。不过，从生活习性上来说，这种小昆虫和其他蜘蛛的确有很大区别。

蜘蛛捕食大多要通过结网捕猎，它们在享受那些撞到蛛网上的美食之前，也常常会用自己吐出来的绳索把猎物捆绑起来，但是蟹蛛却不同，它既不用网也不用绳圈。

根据我的观察，蜜蜂是蟹蛛最爱的食物之一。所以，蟹蛛常常会埋伏在花丛中等待猎物的到来。我多次在花丛旁边见到了可怜的蜜蜂和刽子手蟹蛛之间的生死搏斗。

勤劳的蜜蜂把自己的花篮装满后，肚子就鼓了起来，它心满意足地准备离开。就在这个时候，隐藏在花丛下的蟹蛛会小心翼翼地爬出来，并慢慢地靠近忙碌的工作者。

突然，蟹蛛迅捷地扑向了毫无防备的采蜜匠，猛地跃起并咬住它的后脖颈根部。蜜蜂几乎没有任何反抗，偶尔有清醒者拼命挣扎，甚至用螯针乱刺，但是，被美食诱惑着的饥饿的蟹蛛也不会松手。过不了多久，可怜的蜜蜂就死去了，而这场战斗的胜利者就会自在地享受一顿美餐——吸干猎物的血，然后抹抹嘴巴将干瘪的尸体弃置一旁，重新潜伏起来等待下一只猎物。

蟹蛛捕杀蜜蜂时非常凶狠，但却又像很多柔弱的昆虫一样畏冷，所以它几乎没离开过橄榄树的故乡。如果读者能去参加在南方地中海地区常绿的矮灌木丛中举行的五月节，就一定能见到它，亲眼见证这种蜘蛛的优雅姿态。

蟹蛛的身材看上去并不是很好，它像其他蜘蛛一样有三角形的躯干，身体下端左右两侧还各有一块乳突，就像驼峰一样。但是它的优雅不会因为肚子的臃肿而大打折扣，它那绸缎一般的皮肤令人赏心悦目。乳白色和柠檬黄是蟹蛛皮肤的两种主要颜色，还有一些蟹蛛的腿上遍布着玫瑰红色的条纹。除了装饰品，它们似乎还热衷于“文身”，那文在背上的胭脂红色的曲线和胸部两侧的淡绿色条纹都十分精致。

这凶狠的吸血魔鬼在家里其实是个非常慈爱的母亲，它无情地食用别人的孩子，却很爱自己的孩子，它可能比自然界里很多温和柔顺的昆虫都要更爱自己的孩子。

蟹蛛

蟹蛛那个累赘的肚子是用来储存丝的，但它几乎从来不会用腹中的细丝线来捕食，而是将其用作给婴儿筑巢保暖的材料。蟹蛛的筑巢技术，一点都不比它的猎食技巧逊色。

在筑巢之前，蟹蛛会先选择一块高地，通常是它平时捕猎的岩蔷薇上的一根长得很高的且被太阳晒得枯萎了的树枝。蟹蛛的窝多是把枯叶卷起来做成的，巢的形状很像微型的窝棚。

蟹蛛轻轻地上下摆动身体，纤巧的细丝就会左右缠连起来拉向四周，最终织成一个纯白的不透明圆锥形袋子。一部分露在外面，一部分被树叶遮蔽着，仿佛与枯叶融为一体，除非仔细观察，否则很难发现。这小巧而隐蔽的窝棚就是蟹蛛为自己即将出生的孩子准备的安乐窝。

蟹蛛会把卵产在窝里，然后用同样的白丝织成一个精巧的盖子把袋子密封起来，再用几根丝织成一个又圆又薄的像吊床一样的凹槽，然后蟹蛛母亲就在这个小小的掩体里休息，并守护自己的儿女。蟹蛛一般都平趴在那里，警惕地打量着周围的动静，只要稍微有一点风吹草动，就会立刻进入战斗状态。它们会为了保

护那个像小球一样的卵和“敌人”殊死搏斗，勇敢而忠诚，令人心生敬畏。

这些伟大的母亲固然勇敢，却又有些盲目。它们往往分不清别人产的卵和自己产的卵，也分不清别人的织品和自己的织品，如果我们把蟹蛛强行带到一个新的蛛网或者巢里时，前一分钟还表现得气势汹汹的小昆虫很可能会立刻安静下来，把那里当成自己的家，甚至会把别的蜘蛛产下的卵当作自己的。

我曾经把一只蟹蛛转移到了另一只蟹蛛筑造的形状相似的巢里，尽管那个袋子上的树叶排列规则与它之前住的地方大不相同，但它还是在那里安了家，并不再挪动，它就那样虔诚地保护着这个和自己毫无关系的领地。

不分昼夜守在巢里的蟹蛛变得又瘦又干，我心中不忍，就想给它一些蜜蜂，但是它一点兴趣都没有。我越来越不明白，它这样不吃不喝很快就会死去，它究竟在等待什么呢？

一直等到小蟹蛛们从卵袋里爬出来的那天，我才懂得了蟹蛛母亲的良苦用心，明白了它那份母爱的坚贞和伟大。

原来，蟹蛛的袋子外面覆盖着一层坚韧的树叶，它永远不会像彩带蛛的袋子那样自动爆裂，并把小彩带蛛从袋子里弹射出来。只要包裹在卵袋外面的树叶没有撕裂，巢里的小蟹蛛就会一直被困在里面。蟹蛛母亲就是在等待合适的时机，当小蟹蛛们在卵袋里发育得差不多了，母亲就会

名师导读

蟹蛛拥有以小搏大的精神，会捕食比自己大很多的昆虫，如蝴蝶、蚊子、蜜蜂等，它们常在花草丛或豆田中，或在靠近豆田的棉田、麦田中捕食害虫。

蟹蛛将卵袋产于叶面或树干上，雌蛛常伏在卵袋上守护，但通常在幼蛛孵出前死去。澳大利亚的蟹蛛，子女会吃掉自己的母亲，小蟹蛛一旦破卵而出，就开始吸吮母蟹蛛的腿，直到母亲完全干涸。

我国对蟹蛛研究比较著名的是宋大祥院士和朱明生教授，两人曾出版中国第一本蟹蛛研究的权威著作《中国动物志蛛形纲：蜘蛛目 蟹蛛科 逍遥蛛科》。

拼尽最后的力气为孩子们在盖子上咬开一个洞，就像一扇天窗一样。当小蟹蛛们混乱地钻出来时，它们的母亲已经紧紧贴在自己的窝上，安然地死去了。

小蟹蛛们显然并未注意到那具贴在巢上的干尸，它们赶着去呼吸7月份那潮湿而充满活力的空气。

我把几根细细的树枝安在了原来卵袋的盖子顶上，它们爬出来之后就争相聚集在上面，开始左拉一根丝，右牵一根线，很快就在那里织出了一个宽敞的临时场地，然后安安静静地躲在了那几根树枝里。

接下来，我把其中一根树枝放在了窗台前的一张小桌子上的背阴处，突然的移动让附着在上面的蟹蛛陷入了混乱，有些小家伙因为紧张从树枝上跌落下来，但幸好它们有最好的降落伞——把丝向上收起，就能吊在空中并慢慢地爬上去。混乱只持续了一小会儿，小家伙们就又安静了下来，似乎并不急于迁徙。

为了看到它们的迁徙过程，我把那些载着小蟹蛛的荆棘放到了窗台上，在强烈的阳光炙烤下，蟹蛛们纷纷爬到树枝的顶端，开始活跃起来。在这个露天舞台上，天才的杂技师们动个不停，纷纷从纺丝器里往外拉丝，就好像在制作一条最结实的高空缆绳。

小蟹蛛们开始出发了，最开始它们三四只作为一个小组同时出发，离开树枝后又朝着不同的方向飘去，仍然留在树枝上的后续部队好像有些焦急，不停地往上爬。当它们到达某一个高度后，就停止了攀登，我还没来得及看清楚，它们忽然就荡到了空中，像焰火一样盛开在空中，从身体里扯出来的丝闪耀着亮晶晶的光芒。

在阳光下，小蟹蛛们得意地晃动身体，像是即将远征的战士一样。随后，它们随着微风越飞越远，或高或低，渐渐地就消失不见了。

它们采取怎样的方式降落呢？会落到草丛里、灌木中、树枝上，还是岩缝里，我都不得而知。但我确定它们一定会落下来的。

那些刚刚离开了母亲为它们修筑的最安全的巢穴的小家伙们是那样弱小，这让我有些担心。我自然不能期待它们去捕食比自己身躯庞大很多倍的蜜蜂，但它们即使想捉住小小的飞虫，应该也非常困难吧。

尽管如此，我还是安慰自己：有什么可担心的呢？到了明年春天，我一定会再见到它们，那时候这些蟹蛛早已长大，或许已经成了潜伏在岩蔷薇丛中的秘密杀手了吧。

思考·感悟

1.蟹蛛最爱的食物是什么？

2.蟹蛛的丝主要用来做什么？

角形蛛：织网的高手

在盛夏的两个月里，当酷热的白天结束，暮色降临，晚上有一丝凉意的时候，我都会提着手提灯，去荒石园的迷迭香上拜访一位“邻居”。那是一只大腹便便、高傲漂亮的角形圆网蛛。它一身灰衣，两根暗色饰带勾勒在身体两侧，在后部会聚成尖状。这位胖妇人是去年出生的，它那威风凛凛的富态样在这个季节是罕见的。它端庄地坐在一排柏树和一丛月桂之间，面向夜蛾常常光顾的小径。看来它很喜欢这个位置，因为整个夏天，我的邻居一直守在这个地方。

这位大腹便便的妇人成了我关注的对象。在7月一整月和8月的大部分日子里，每晚8点到10点，我不必牺牲太多睡眠时间就可以追踪它那怡然自得的织网全过程。因为每晚在捕捉飞虫时蛛网多少有些毁坏，到了第二天，破得太厉害了，就必须重新编织。

它随意地在颤动的绳索上完成高难度的动作，轻巧又准确地拉出一条条建筑物的轮廓，让人赞叹不已。不久，一个完全遵循几何规律的网就搭建好了。晶莹剔透的丝网在手提灯的照耀下闪闪发光，令人怀疑这是不是月光幻化而成的宝物。

我把角形蛛的伟绩记录了下来。首先了解了构成建筑物的框架的丝线是怎样纺成的。8点左右，角形蛛庄严地从白天蜷缩的柏树绿叶丛中出来，来到树杈梢。居高临下的它不慌不忙，首先对环境进行审查，当它感觉今晚会是一个晴朗的好天气时，就开始编织计划了。

它的8只步足伸得开开的，身体吊在从纺丝器抽出的丝上，垂直坠落下去。就像搓绳工有规则地后退，把绳子从麻里抽出来一样，角形蛛利用自己的体重作为拉力，从纺丝器里把丝抽出来。但是它的下坠并没有因为重力而加速，这位胖妇人通过收缩纺丝器，或扩张或闭合纺丝器的纺管把丝抽出来，使得它的下落显得华贵典雅。它在离地面还有一段距离的时候突然停住，原本悠闲地悬展在空中的步足得了命令，紧紧地抓住刚刚拉出来的丝，回转身体，一边纺丝一边迅速地从原路往上爬。

这次的拉力不再是体重了，它通过后面的两只步足交替迅速运转，把丝从丝袋里扯出来，又逐渐把丝抛弃掉。这时我清晰地看见它爬过的身后结下了一根双股丝，而它前进的上方依旧还是轻细的一股丝。在手提灯光的笼罩和微风的吹拂下，隐约可见它轻柔的存在。

呈环柄状的双股丝会借着风力黏附到附近的细枝上，蜘蛛感觉到网被粘住，便从一端跑向另一端，每跑一趟都在丝桥上加一股线。于是，这座纤细的丝桥就慢慢成为丝缆了。

框架的主要部件悬挂缆就这样铺设好了。它看上去很简单，但两端却像开花一样分解成枝状。角形蛛来回多少次，便有多少个分叉。这一股股分叉的丝，黏着点各不相同，使得丝缆两端固着得更加牢靠。

如果角形蛛的下方没有足够的空间使它得到双股丝，它就会使用另一种方法。它照样利用体重下落，然后又顺着丝线爬上来，不过这一次丝的一端就像蓬松的画笔，细叉没粘在一起，就像从纺丝器的莲蓬头里洒出来一样。然后这根像狐狸尾巴的浓密细丝，就好像是用剪刀剪断似的延伸开去，整根丝拉长了一倍，达到了蜘蛛需要的长度。于是蜘蛛把一端固定好，另一端依旧静静地等待着那阵吹向灌木丛的微风。

不论用什么方法，丝缆的搭建都是一个相当困难的过程。在这期间，不仅需要蜘蛛本身的高超技艺，还需要气流的帮助，把细丝送到灌木丛中去寻找落脚点。所以，当好不容易架起又牢固、方向又好的悬挂缆以后，除非发生极其严重的事件，角形蛛一般就不再更换悬挂缆了。幸而这一根悬挂缆比整个网的其他部分都牢靠得多，所以能存在很久。每晚的捕食让网有所损坏，第二天傍晚几乎都要重新编织。虽然蜘蛛每晚都要翻新丝网，但是对于丝缆却一直采取保留的态度，它在上面走过，又走过，用新的线来加固。因为重织的网是要悬挂在这根丝缆上的。

这根丝缆成了蜘蛛的活动基地，可以随意接近或者离开作为依托的枝丫，同时也是它拟建工作的上限。它从丝缆的最高处开始下滑，然后又沿着下降时抽出来的丝向上爬，形成了两股丝。当蜘蛛在大丝桥上行走的时候，双股丝一直延伸到系着丝桥的细枝，把丝自由的一端固定在细枝上，位置或高或低。这样便从左边和右边产生了几条斜向的横线，连接了丝缆和枝丫。

这些横线同时又支撑着其他各个方向都有变化的横线。当横线数目相当多时，蜘蛛拉丝的办法就轻松多了。它从一根绳索到相邻的绳索，一直用后步足拉丝，一步步把丝架设好，由此就产生了一系列不按顺序排列的直线的组合，保持在接近垂直的同一平面上。这样就划分出了一个相当不规则的多边形空地，而中间编织着一个非常规则的网。

角形蛛在织网时，很懂得节约丝线。暮色降临的时候，它离开柏树叶子，小心翼翼地来到捕虫网的悬挂缆上。审视一番后，它便来到网上，把废网收拢来。螺旋丝、辐射丝和框架，除了悬挂缆，全部都耙到步足下面。蜘蛛用它那灵巧的足，使劲把废网捏成了一粒小丸子，然后津津有味地吞了下去，就像对待捕获的猎物一样，一点也不剩。这些旧网的材料经过胃部的加工之后，又将变成液体，成为角形蛛建网的重要材料。

清理干净以后，场地上只留下一根悬挂缆，角形蛛就在上面开始编织框架和网。奇怪的是，这个织网的高手竟然不会修补破掉的网！为了验证这一点，我曾做过好几个实验。

第一次，我用小剪刀把蛛网剪成两半，一经辐射丝的收缩，网上出现了一个可以放进三个手指头的空洞。我剪完以后，角形蛛心平气和地走回来，当一侧身体的步足没有地方驻足时，它就察觉到自己的工程已经被损坏了。它马上拉了两根丝横穿在缺口上，没有依托的那些步足伸到这两根丝上。然后它就满意地停下所有的动作，安心等待捕虫。

我有点吃惊。本以为它拉完两根线以后还有更进一步的缝补，至少在缺口的两端拉上密密麻麻的丝，即使不够美观，也足以像完整、有规则的网一样能有效使用。然而，这位纺织女一整晚居然再也没干什么事，它就一直用那张剪破的网将就着捕虫。直到我第二天晚上再去拜访，这张网依旧停留在昨晚我离开时的状态，完全没有任何缝补的迹象。

是不是这位被试者认为，只要网还可以使用，就没有必要进行修补呢？我审视了一下被我剪坏的网，虽然分成了两半，但面积还跟原来的一样大；而且中间架起的两根丝，保证了蜘蛛就算在裂

缝处也能找到步足的依托。我必须想一个更好的实验办法才行。

第二次实验，我用一份麦秸小心翼翼地拨动螺旋丝并把它拉出来，同时不破坏辐射丝和休息区。可是我又一次失望了。蜘蛛一直待在休息区，守着这张无用的网，等待捕捉猎物。第二天早上，我发现网仍然像昨晚一样残缺不全。它明明已经经受了一整夜的饥饿，却还是不肯去稍稍修复那残破的大网。我开始揣测，它不修补是不是因为没有丝呢？

那一天我正密切注视着蜘蛛绕大螺旋丝，一只猎物不慎落入了残破的陷阱。角形圆网蛛立即奔向那个冒失鬼，把它用丝捆绑起来，就在那里美餐。它亲眼看见网的一角被狠狠地撕破了，而且也并不缺乏丝线，但它仍然对这个大洞置之不理。它把猎物吮了几口就扔掉了，想起来方才为了捕获尺蠖蛾而中断了工作，又跑回原来的地方继续绕大螺旋丝，而撕破的部分依旧张着大口子留在那里。

其实所有的蜘蛛都有类似的不修补的怪癖，尤其是彩带蛛和丝蛛。相比每晚都要将网翻新的角形蛛，彩带蛛和丝蛛修补网的频率更低，就算网已经破得不成样子，它们仍然继续用它来狩猎。我为它们的名声而感到遗憾：蜘蛛完全不会补网。那些织网的高手们，从来没有那样的理性。

名师导读

蜘蛛种类繁多，据统计，目前全世界已知的共有蜘蛛110科3859属42751种（亚种），我国有67科，3800余种。蜘蛛是许多农、林业害虫的天敌，在生物防治中起重要作用，保护和利用蜘蛛已成为生物防治的一项重要内容。另外，蜘蛛还可以入药，主治脱肛、疮肿、腋臭等症。

思考·感悟

1.角形蛛是怎样编织网的？

2.为了验证角形蛛不会修补破掉的网，作者做了哪些实验？

迷宫漏斗蛛：编织迷宫的专家

迷宫漏斗蛛是蜘蛛家族中一种比较少见的蜘蛛，它的胸上有两条黑色饰带，饰带正中夹杂着微白或棕色的斑点。腹部末端有一对比较大的后纺丝器，可以活动，就像尾巴似的。它喜欢住在荆棘丛里，如岩蔷薇、薰衣草、蜡菊和被羊群啃得短短的迷迭香中。一次，我在蔷薇丛中找到了它。

这只迷宫漏斗蛛把手帕大小的网拉在一大蓬蔷薇上，用随意夹角和密布的丝线固定。那些丝不是固定在杂乱的荆棘丛中某一束突出的枝梢上，而是纵横交错在荆棘丛里绕来绕去，最后，那簇荆棘就像被蒙上了一层白纱。

网的周围有很多相隔距离不等的支点，向外突出，相邻之间形成了火山口似的圆凹，也像一个喇叭口。网的中间有一个圆锥形的深坑，落在茂密的绿色植物中，就像一个颈部渐渐变窄的漏斗。

如果我想在不伤害这只蜘蛛的情况下抓住它，那就一定不能被这个网的外表所欺骗了。插入荆棘丛的漏斗底部居然是开放的，那里有一扇暗门始终敞开。如果我正面攻击它，蜘蛛会毫不犹豫地向下跑，从底部的出口逃走。

我使用了一些小计谋之后，大大提高了成功的概率，毫发无损地把一些迷宫漏斗蛛请到了我的实验罩里。行动之前，我用手抓紧漏斗颈部向下延伸的地方，当蜘蛛发现后路被切断时，自然就会钻进我为它准备的圆锥形纸袋中，有时可以用一根草伸进网中，刺激它几下就可以把它逼到纸袋中去。

大多数情况下，很少有猎物会跑到这块危险的蛛网上来散步，所以这个火山形状的地毯应该不算一个真正的陷阱。那么，迷宫漏斗蛛是用什么工具捕获那些会跳会飞的猎物的呢？

让我们来看看网的上方，重重交错的丝织成了一个复杂的迷宫。这一团乱糟糟的绳索拉在树枝间，有长有短，有直有斜，还有曲线，整个工程疏密不一，在垂直空间上有1米左右。

我把一只小蝗虫扔进网里，它在晃动的支撑物上失去了平衡，拼命挣扎之下，把绳索给搞乱了。蜘蛛却躲在洞口窥视着一切，它静静地等待着，那些扭得越来越厉害的绳索，把猎物弹到网上来。果然，蝗虫掉下来了，大胆的蜘蛛马上发起了进攻。它不像圆网蛛那样用裹尸布把猎物裹起来，而是先拍一拍那猎物，看看质量怎么样。这时，蜘蛛的勇猛很重要，因为猎物只不过在脚上拖着几根挣断了的丝头，进攻依然存在危险。

我观察过好几个蜘蛛网，迷宫蛛的食物中有双翅目昆虫和小蝶蛾，还有一些几乎没动过的蝗虫的尸体。这些猎物全部都少了前腿，至少是其中一条前腿。确实如此，如果蜘蛛满意猎物的话，就用螯牙去咬，一般会选择在大腿根下口，可能是因为这个地方的肉味道特别好吧。

蜘蛛一旦动螯牙咬了，就不肯松口。毒液马上将蝗虫杀死，让这一餐饭可以尽情地持续很久。它吸干一处伤口后，再换一个地方咬，吸干以后的猎物通常都被它直接从网上扔出去。

迷宫漏斗蛛在产卵期来临之际离开了家园，就算原来的网还很结实，它也不会再留在那里，它要

名师导读

蜘蛛大部分都有毒腺，其中毒性较强的，有球蛛科的地中海黑寡妇蛛，甲蛛科的褐平甲蛛，天疣蛛科的澳大利亚漏斗蛛、栉足蛛科的黑腹栉足蛛、捕鸟蛛科的澳大利亚捕鸟蛛等。

我国毒性较强的蜘蛛有这样几种：分布于广西、云南、海南等地的捕鸟蛛；分布于上海、南京、北京、东北等地的红螯蛛；分布于新疆、陕北、河北、长春等地的穴居狼蛛；常见于台湾中南山地的赫毛长尾蛛；福建有关报道的黑寡妇蛛等。

一座合适的房子去成家立业。产卵期到来时，我把12只迷宫漏斗蛛分别放在装着沙土的罐子里，用金属纱罩罩起来。纱罩的中央是一根百里香的小枝杈，让它们除了四面的纱网，还能再找到编织卵袋时的支撑物。

我每天给蜘蛛喂肉质鲜嫩、个头小的蝗虫，它总是很乐意接受，结果它也终于给我回报了。8月底，我得到了10个精美、光亮雪白的卵袋。母亲用精致的白色细文布编织了这些半透明的袋子，她要长期住在这里，看护它未出生的孩子。卵袋的体积与一个鸡蛋差不多大，两头敞开，后面的洞口变得细长，呈漏斗颈状；前面那个洞口延伸成一个宽阔的长廊，蜘蛛常常通过那里去获取它的粮食，它要在外面吃蝗虫，以免把孩子的出生地弄脏了。

卵袋的结构就像它捕猎的工具，那个漏斗状的细长通道是紧急出口，前面那个火山口似的大厅，四面绷着丝，与之前那个捕猎的陷阱非常相似。这里甚至还有一个小迷宫，火山口前面的丝索错综复杂，只要猎物从那里经过就会被困住。

在这个乳白色的丝墙后面，隐约可见那个放卵的盒子。这个宽大、很漂亮的暗白色袋子，周围有闪光的立柱把它固定在帷幔中央，并与外层隔开。柱子的中间较细，上端膨胀成圆锥形的柱头，底端也是同样的形状。12根柱子一一相对，中间形成了走廊。走廊四通八达，通向房间周围的任何方向。母亲认真地在内院的拱廊里巡视，这里停停，那里停停，长时间地把耳朵贴在卵袋上，听听它的孩子有什么动静。

迷宫漏斗蛛

我找了从野外带回来的蜘蛛巢，进一步观察内部的情况，卵袋呈倒圆锥

形。袋子的布料有一定的韧性，我用镊子用力拉，才终于把它撕破了。卵袋里只有一团很细的白丝绵，里面大约有100枚卵，一粒卵的直径为1.5毫米。卵看起来像淡黄色的琥珀珍珠，卵与卵是不粘连的，当我把绒被揭去的时候，它们会自由地滚动。我把卵全装进玻璃试管里，以便观察孵化的情况。

它还要活好几个月，食物是不可或缺的，如果在捕猎器旁边就近织一个卵袋，它可以一边监护卵袋，一边不费力地捕获猎物，为什么它非要离开家不可呢？因为丝网和迷宫都是白色的，高高在上的样子在阳光下很容易被发现。它用这种引人注目的方式吸引苍蝇和蝶蛾之类的猎物，但是，这同时也引来了许多侵略者。

为了万无一失，它选择了远离居所的隐藏处，理想的地方是枝叶垂落地面的矮灌木丛，即使冬天，那里也有茂密的绿叶，地上满是从周围的橡树上掉下来的枯叶。迷宫漏斗蛛对卵的保护程度还不止于此，大多数情况下，蜘蛛把卵产在安全的地方，就完全撒手不管了，但迷宫蛛会一直守护着那些卵，直到它们孵化出来。

9月中旬，小蜘蛛孵化出来了，但它们都乖乖地待在卵袋里，准备温暖地度过这个冬天。母亲认真地一直编织，但是体力似乎跟不上了。我给它提供的蝗虫，它明显开始置之不理，过很长时间才吃一只。到了最后四五周，母亲蹒跚的脚步已经显示出它的衰弱，但是它依旧在巡视，似乎只要能听见孩子们的声音，就有动力继续坚持下去。到了10月底，母亲终于筋疲力尽，紧紧拽着孩子们的房间，幸福地死去了。

春天来临了，小蜘蛛们从小房间里爬出来，顺着微风，乘着细线，飞向它们的新世界。在那里，它们开始拥有自己的荆棘丛，然后尝试着编织出第一个迷宫。

思考·感悟

1.迷宫漏斗蛛喜欢在什么地方出现?

2.迷宫漏斗蛛的卵袋有多大?

克罗多蛛：编织命运的女神

克罗多蛛的全名是“克罗多·德杜朗”，它这个名字含有很多寓意，需要花费一些心思去详细讲解。“克罗多”是神话传说中编织命运的女神的名字，“德杜朗”则是最早开始研究并向人们介绍这种蜘蛛的人，所以这小小的昆虫就继承了这位伟大发现者的名字。

克罗多蛛拥有优美的身形和华丽的服饰，这大概也接近于那位与它素昧平生的恶毒女神。我在一块石头下找到克罗多蛛时，首先映入眼帘的是像半个橘子那么大的一个外表粗糙的建筑物。这个建筑造型奇特，建筑师别出心裁地设计出了一座倒置的房子，所以我们看到的是一个倒置的圆形屋顶，从圆屋顶垂下的丝线上粘着干枯的昆虫尸体。

这个倒置圆顶是用蛛丝固定在石头上的，克罗多蛛编织了12个突角，每个突角都粘在石块上，整体呈放射状分布。圆顶因附着很多装饰品的蛛丝而下坠，突角就像坚韧的吊带一样。在它们之间还有一张紧绷着的平坦的蛛网，其像一个平顶一样把倒置的帐篷密封起来。聪明的建筑师巧妙地把房门隐藏了起来，使这座建筑看上去好像根本没有入口一样。

我用麦秸捅了捅平顶和圆帐篷的接缝处，发现这些圆拱都非常硬，而且接口处严丝合缝，就像经最高超的裁缝之手缝起来的一样。随后我终于在这12个圆拱里发现了一处玄妙的机关：除了边缘分成两瓣，这个月牙形的边饰看上去和别的圆拱没什么太大区别，但是就在两瓣衔接的地方，有一道几乎难以辨别出来的缝隙，克罗多蛛就是通过这条缝进进出出的。每当它从这里通过之后，蛛丝的弹性就会使这扇门自动关闭。

当遇到敌人时，克罗多蛛只要赶紧跑到家里钻进去，身后的门就会自动关闭，它还可以从里面把门锁起来。而那些不了解门道的敌人一定会被那么多一模一样的门给难倒，徘徊半天也未必能发现猎物突然消失的秘密。

克罗多蛛的腿比较短，肤色比较深，背上有5个黄色的点，就像5枚黄色的徽章。因此，这纺织匠看上去又像一位绅士一样。克罗多蛛绅士对居所的条件非常讲究，在它的巢里常常有一团蛛丝，柔软而舒适，这其实是它的被子，克罗多蛛就在这床被子和平顶之间休息。

我曾经把一只克罗多蛛连同它的房子一起装进纸筒，转移到了我的家里。我把柳条筐放在桌子上，用胶带把那倒置的圆顶帐篷粘在框上，然后用了3根短棍支撑筐体。完成这些之后，我把小房子用罩着金属纱罩的沙罐盖了起来，这样既能防止克罗多蛛搬家，又能进行近距离的观察。

虽然我在搬迁过程中尽量小心，但克罗多蛛的小房子还是有个别地方出现了严重的变形，挑剔的主人发现之后，整夜都待在网纱上，不肯住进它原本舒适而安全的家里。休息之后，它开始搭建新的居所，这个过程持续了几个小时。搭成

名师导读

生物学家为什么选择“克罗多”命名蜘蛛呢？古代神话中的克罗多是命运三女神中排行最小的那位，她不能掌管生死，却能依靠手里的纺纱杆控制人类的命运。她的纺纱杆上缠绕着的大多数都是废毛，只有少许的丝束与极其罕见的金线。这位恶毒女神用起金线来极为吝啬，用废毛则十分慷慨，所以人类的命运总是十分坎坷。蜘蛛吐出来的丝，虽然不能影响人类的命运，却足以决定它自己的生命，用“克罗多”这个名字来形容一位编织自己生命的纺织者倒也挺合适的。

的新帐篷只有两法郎的硬币那么大，虽然整体结构仍然和老宅一样由上下两层网构成，且有12个突角，但是它还没来得及在下面那层网上添加下坠物，所以上下两层网之间的缝隙非常小，克罗多蛛一开始就生活在这狭小的空间里。

克罗多蛛很快便开始给建筑添加压载物。它开始吐丝，把这些细丝粘在下层的蛛网上并向下垂去，然后又用这些丝线将一颗颗沙粒串起来。在沙粒的重力作用下，房子的重心降低了，上面那层薄纱也因此绷得紧紧的，如此一来，房子变得挺括而平稳，两层纱之间的空间也变大了。

这才仅仅是工程的开端，克罗多蛛把一块大一些的石子缀在沙串的末端，然后开始不断地往丝线上添加东西，包括沙粒、石子、木屑，还有饭后留下的昆虫残骸，它们像压载物、平衡器和压力器，使这个原本纤细的房子变得越来越坚固。

在这个过程中，我渐渐发现克罗多蛛之所以悬挂那么多尸体，并非为了炫耀自己的战利品，而只是把它们看作了泥沙或者碎石。在它们眼里，这些小贝壳和残碎的动物躯体都是上好的建筑材料，它们既实用又便于寻找。既然使用它们比去远处搬沙石要容易得多，爱偷懒的克罗多蛛当然就选择用尸体来稳固、装饰自己的新家了。

大多数时候，克罗多蛛填满肚子后就会舒舒服服地趴在柔软的丝毯上，什么也不做，又似乎什么也没想，像在睡觉，又像醒着，就这样在半睡半醒间享受生活。除了用一根草去逗弄它们，才能使它们从沉思中解脱出来，恐怕就只有饥饿才能促使它们走出家门了。

我对克罗多蛛的生活习俗知之甚少，以至于10月份我在野外发现那团蛛卵时，根本不知道雌蛛是什么时候、怎样产下它们的。我把雌蛛和蛛卵一起带回了家。那些卵被分装在五六个蛛网织成的袋子里，像是被高级的白色绸缎包裹着，这些小袋子与房子的“地板”紧紧地连接在一起，根本无法分开，所以我只好把它们的房子也一起带了回去。

这些卵大概有100多粒，占据了整个房间的大部分空间。那只雌蛛的个头比正常情况下小一些，我想大概是产卵让它们的身体变得消瘦了，但好在它们看上去非常健康，肚皮圆滚滚的，皮肤也紧绷绷的。

雌蛛就像老母鸡孵蛋一样匍匐在那一堆卵上，不到1个月，小袋子里的小蜘蛛就孵出来了，但是它们依然要在卵袋里生活很久。我隔着薄薄的囊袋仔细观察，看到那些小家伙几乎和它们的母亲长得一模一样，深色皮肤，有5个黄色的斑点，只是个头小一些而已。为了度过整个寒冷的冬季，这些小克罗多蛛紧紧地挤在一起，像在互相取暖。雌蛛蹲在包囊上负责站岗放哨，防止敌人伤害到它们的孩子。这个过程拖得有些长，需要将近8个月，直到第二年的6月份才能结束。

经过漫长的等待，夏天终于到来了。克罗多蛛母亲帮助小蜘蛛们捅破包囊壁后，不会像蟹蛛和迷宫漏斗蛛那样死去，而是会亲眼见证它们的迁徙。当小克罗多蛛离开家之后，它们甚至还会建造一个新的房子，然后继续生孩子。

思考·感悟

1.为什么克罗多蛛的全名叫“克罗多·德杜朗”？

2.克罗多蛛为什么要把昆虫残骸挂起来？

纳博讷狼蛛：攀高能手

3月之后是纳博讷小狼蛛离开母亲的时节。在一个阳光明媚

名师导读

狼蛛的背上长着像狼毫一样的毛，而且有八个眼睛，有的狼蛛毒性很大，能毒死一只麻雀，大的狼蛛能毒死一个人。科学家在岛国斯里兰卡发现一种狼蛛，它们具有庞大的体型，与人们的面孔大小相近，让人感到恐怖和不安。

狼蛛

的午后，狼蛛母亲会背着小狼蛛从洞穴里出来，然后蹲在洞口，任小狼蛛们自行离开。小狼蛛们通常先晒晒太阳，等到有些厌倦时，就分批离开。

我从圆形网罩中目睹了这样的场景。小狼蛛一组一组地离开了母亲，在地上快步地走了一阵之后，便往网纱上爬，穿过网眼，一直爬到圆顶上。所有的小狼蛛都往高处爬，没有一只例外。它们在圆形网罩顶的圆环中穿过几条丝线，然后从圆环向周围的网纱上也拉了几条丝，然后在这些丝线上不停地走来走去。看到它们那纤细灵巧的足时不时地张开，我才明白，它们希望到达更高更远的地方。

于是，我找来一根树枝，并将树枝架在网罩上，高度一下子就增加了一倍。小狼蛛们发现了这根树枝，立刻沿着它往上爬，一直爬到最高处。接下来，就像在网罩上所做的一样，小狼蛛又在树枝顶端拉了几根丝，把丝的另一端搭在周围的物体上，然后又开始徘徊。看来，它们还需要爬得更高。

这一次，我在树枝上接了一根3米长的芦竹。小狼蛛们再次沿着这根芦竹向上攀爬，爬到

最高处之后，它们吐出了更长的丝。这些丝有的在半空中荡来荡去，有的则系在周围的物体上，变成一座座桥。小狼蛛们在桥上站着，这时，一阵风吹来，扯断了固定在芦竹顶端的丝线，小狼蛛们吊在丝线上，随风被吹远，如果顺风的话，它们将在很远的地方着陆。

就这样，没过多久，所有的小狼蛛就都消失在远方了，圆形网罩内只留下孤零零的狼蛛母亲。但是，这位母亲似乎并不感到悲伤，它仍然皮色光润，身材丰满，看起来十分健康。送走自己的孩子后，或许是因为少了负担，它的胃口甚至比以前更好。在晴朗的春季，狼蛛母亲显得活力四射。狼蛛是很长寿的昆虫，至少能活5年，有时我们还可以见到它们三代同堂的景象。

回想起小狼蛛的举动，我不得不提出疑问：我见过的狼蛛无不生活在地面上，有时是在低矮的草丛里，有时是在低洼的井里，那么，为什么它们在刚离开母亲时，要拼了命地爬那么高呢？事实上，无论是成年狼蛛还是年轻的狼蛛，它们都从不离开地面向高处攀爬。成年狼蛛潜伏捕猎，而年轻的狼蛛则在稀疏的草地上围猎，它们都不需要织网，所以也不需要高处的黏结点，这样一来，自然也就无须离开地面爬到高处了。

狼蛛的一生中，唯有在离开母亲背部的那一刻，会热衷于登高，在此之前，它们没有这个爱好；在此之后，这一爱好也不再重现。难道这只是它们一时的心血来潮？

攀登得高一点，再高一点，这就是小狼蛛们的想法。不仅纳博讷狼蛛是这样，其他种类的蜘蛛也有类似的登高爱好，如圆网蛛、冠冕蛛等。但是，与圆网蛛相比，纳博讷狼蛛的攀高习惯显然更为怪异，因为圆网蛛并不是生活在地面上的种族。至于冠冕蛛，我们不妨来看一看这壮观的母子分离场面。

一次，我在荒石园小径旁一簇簇薰衣草下面找到了两个冠冕蛛的巢。为了研究冠冕蛛的迁徙，我准备了两根5米长的竹竿，从上到下缠满细细的荆棘。我把其中一根插在薰衣草丛中，紧挨着第一个蛛巢，并把周围的草木除掉了一些；另一根则插在荒石园中间，离周围的草木有几步的距离，然后将裹着薰衣草的第二个蛛巢固定在这根竹竿的底部。

5月中旬，蛛巢中的卵孵化了，一上午的时间，小蜘蛛们就全部钻出来了。它们获得自由后，便爬到了巢穴周围的薰衣草枝杈上，在上面拉了几根丝线之后，就凑在一起，挤成一团，形成一个核桃大小的球形，安静地打起了瞌睡。

我用一根草秸敲了一下，聚作一团的小蜘蛛们立刻醒过来，圆团膨胀开来，向外扩散，变成了一个透明的轨道包围面，无数的小足动来动去，丝线绷在了轨道上。小蜘蛛们织出了一张纤细的网，这张网裹住了散开的小蜘蛛。变天的时候，小蜘蛛立刻又恢复成球形，聚集在一起，正如在田间遭遇暴雨的羊会聚拢在一起，用背部作为大雨的屏障一样，冠冕小蜘蛛们也懂得用群体的力量抵御恶劣的天气。

如果天气晴朗的话，小蜘蛛们就会开始向上攀爬。有时，经历了一上午的勤劳工作，它们也会聚在一起休息。下午，它们到达了更高处，在夜晚来临之前，它们会织出一顶圆锥形的帐篷，然后在帐篷里抱成一团度过长夜。第二天早上，太阳刚出来，小蜘蛛们就再次出发，向更高处挑战了。三四天后，它们终于抵达了竹竿的顶点。

要不是我设置了障碍，小家伙们本来应该可以攀爬得更快一些。在自然条件下，它们可以充分利用周围的灌木和荆棘作为支撑点来支撑在空中荡来荡去的丝线。凭借这些桥，冠冕小蜘蛛就更容易分散开来，在适当的时间进行迁徙。

但是，当我人为地把周围的支撑物除去时，小蜘蛛们就失去

了架桥的机会，因为要到达几步远的荆棘和树枝，它们吐出的丝线显然还不够长。于是，它们只能聚在一起往上爬，直到爬上顶端。我怀疑，5米长的竹竿仍然不是它们攀高的极限。

由此可见，幼小的蜘蛛们之所以要往高处攀登，是为了便于离开母亲，向远方迁徙。而在低处，它们无法乘上气流，顺风飞翔。让我们回到纳博讷狼蛛的疑问上，刚刚独立的小狼蛛，仿佛突然爆发了某种本能一般，执着地向高处进发，而数小时之后，这种本能又会凭空消失，从此，狼蛛们一生都将在地面上流浪，再也无法从高处俯瞰自己生存的大地，再也无法乘风飞翔。

在我们人类看来，这或许是一种奇怪的现象，但是，对于纳博讷狼蛛来说，这就是不可更改的命运。本能在它们需要时突然出现，在它们不需要的时候便突然消失，它们一生只有一次抵达高处的机会，然后完成一生仅有一次的旅行，随后展开独立的生活。一切都是那么自然。

思考·感悟

1.小狼蛛为什么要不断地往高处攀登?

2.对于小狼蛛离开母亲你有什么看法?

第四章

黄翅飞蝗泥蜂：精于算计的猎手

黄翅飞蝗泥蜂破茧而出的日子在7月份。它从黑暗的地下摇篮中出来，在罗兰蓟带着刺茎的枝头上飞舞着，悠闲地度过美好的8月。罗兰蓟是一种普遍而茂盛的植物，往往盛开在盛夏的烈日下，为黄翅飞蝗泥蜂提供充足而美味的蜜汁。8月一过，黄翅飞蝗泥蜂就必须在道路两侧的边坡上选择一个小地方，开始挖掘和狩猎。

黄翅飞蝗泥蜂通常都是成群地从事建筑工作，很少单独行动。他们往往10只、20只或者更多的成员聚集在一起，共同开发选定好的场地。说起它们选择安家的场地，有两个条件是必不可少的，一是要有易于挖掘的沙土，一块没有遮挡，风吹雨打的水平场地自然是再合适不过了，但是必须保证有充足的阳光照射，这也是场地必备的第二个条件。

飞蝗泥蜂建造一个蜂窝和准备食物的时间很短，最多只有两三天，那是因为它们必须在9月底前全部完工。在这样短的时间里，勤劳的小虫必须要分秒必争地备好一打蟋蟀，把食物千辛万苦地运回蜂窝，放进仓库，最后把窝封好。

现在，一只嗡嗡叫着的飞蝗泥蜂回来了，停在离村落差不多一沟之隔的灌木丛上，大颚咬着一只胖乎乎的蟋蟀，累得筋疲力尽——那只蟋蟀足有它的几倍重。它休息了一会儿，用腿夹住猎物，用力一跃，跃过家门前的沟壑，沉重地落在了村落里。接下来，它跨在俘虏的身上，咬住俘虏的触角，把蟋蟀拖到目的地——蜂巢。飞蝗泥蜂放下猎物，迅速下到地道里，几秒钟后又把头伸出洞外，一把抓住洞口蟋蟀的触角，猛地使劲，猎物就那样落到了巢穴的深处。

蟋蟀在成为黄翅飞蝗泥蜂的猎物后，乖乖地被幼虫榨干身体而毫无反抗之力，这不禁让我感到好奇，黄翅飞蝗泥蜂究竟是用了怎样高明的手段俘获了这些蟋蟀呢？为了观察它捕捉蟋蟀的过程，我进行了一项小实验。

在黄翅飞蝗泥蜂把俘虏扔在洞口独自走进洞穴的时间里，我把它的猎物拿走，用另外一只活的蟋蟀来代替。这种偷梁换柱的方法在别的猎手那里可能颇为麻烦，但在黄翅飞蝗泥蜂这里却行之有效。实验的结果非常理想，我们可以近距离观看到这次捕猎的全部细节。

猎手从洞里出来了，它向周围望了望，立刻跑去捉猎物。这只蟋蟀已经不是先前被捕回来已经麻木的那只，它惊慌失措，连蹦带跳，拼命地四处逃窜，飞蝗泥蜂向它猛扑过去。蟋蟀被打得仰面朝天，足爪乱踢，双颚乱咬，飞蝗泥蜂取得了暂时性的胜利。

但猎手并没有就此放松，它反向趴在对手的腹部，大颚咬住蟋蟀腹部末端的一块肉，后足像两根杠杆似的按着蟋蟀的面部，使蟋蟀颈关节张得大大的。蟋蟀粗壮的后腿疯狂地挣扎着，却被飞蝗泥蜂的前足牢牢压住，抽动的前胸也被战胜者的中足勒得死死的。蟋蟀的大颚翕动着，试图咬到对手，但飞蝗泥蜂把腹部弯成近乎90°的直角，呈现在蟋蟀颚前的是一个凹面，因此任它怎么努力也无法咬到。然后，飞蝗泥蜂以迅雷不及掩耳的速度出针了，第一下刺在被害者的颈部，第二下刺在前胸与中胸的关节间，最后一下刺向了蟋蟀的腹部。转瞬间，凶杀大业已经完成了。飞蝗泥蜂整了整自己凌乱的服装，把垂死的、腿还在颤抖的蟋蟀运回家去。

黄翅飞蝗泥蜂的幼虫赖以生存的猎物，虽然不能自由动弹，却不是真正的尸体，只是全身或者局部麻醉了而已。幼虫的生长不需要一块腐烂的臭肉，而是需要一顿新鲜肥美的盛宴。毒汁不同程度地消灭了俘虏的动物性生命，但植物性生命还存在着，即营养器官的生命还长时间保持着，所以猎物不会腐烂。黄翅飞蝗泥蜂的幼虫在把自己封闭在茧里面以前，生活的时间不足半个月，完全可以有新鲜的肉吃。

为什么会有这样的效果呢？这全要归功于黄翅飞蝗泥蜂那三下迅猛、准确、精心算计的螫针，犹如匕首三下干脆利落的猛戳，表现出昆虫本能所具有的天赋本领和万无一失的手段。它用有毒的螫针破坏了猎物身体内指挥运动器官的神经中枢。

节肢动物神经干的各个中枢或者是神经节的作用在一定范围上是各自独立的，损坏其中的某个神经节，只会引起相应体节的瘫痪，各个神经节彼此相隔得越远就越是如此。蟋蟀的3个神经中枢彼此之间就离得很远，所以，飞蝗泥蜂用螫针重复刺3次，是非常符合逻辑的。

比起蜜蜂带着锯齿的螫针，黄翅飞蝗泥蜂的螫针更像是一把匕首，光滑而锋利。原因显而易见，蜜蜂使用螫针时，长在螫针上的倒齿会勾住伤口，在自己的腹腔末端拉出一条致命的裂缝，

名师导读

泥蜂的种类很多，目前全世界已知的有7634种，我国已记载了300多种。泥蜂的口器为咀嚼式或嚼吸式，上颚发达，足有的短粗，有的细长。雌性腹部末端螫刺发达，一些种类的头或身上有浓密的银色毛斑。幼虫无足，有些在胸部和腹部侧面具有小突起，和成年泥蜂有很大的差别。大多数为捕猎性，少数为寄生性或盗寄生性。其捕猎性及筑巢本能复杂。成虫捕猎节肢动物，包括昆虫、蜘蛛、蝎子等。

为了报复所受到的侮辱，甚至不惜牺牲生命。但如果黄翅飞蝗泥蜂在第一次出征时，武器就要了自己的命，那这样的武器要来有什么用呢？它使用螫针的目的是为了刺伤猎物作为幼虫的口粮，对它而言，螫针不是炫耀力量的武器，而是一个工作器械。这工具应该便于使用，在跟猎物搏斗的时候，可以迅速刺入，方便拔出。带着倒钩的刀刃拔出来固然相当快意，但快意的代价却十分昂贵。

思考·感悟

1.黄翅飞蝗泥蜂是用什么方法俘获蟋蟀的？

2.黄翅飞蝗泥蜂为什么要用螫针重复刺3次？

砂泥蜂：在沙土里建房子

砂泥蜂的形状、颜色和黄翅飞蝗泥蜂非常接近，它们身穿黑色服装，肚子上装饰着红色丝巾。身材纤细，体态轻盈，腹部末端非常狭窄，像一根细线系在身上，不过，它们的习性却和黄翅飞蝗泥蜂大不相同。黄翅飞蝗泥蜂捕捉直翅目昆虫作为食物，包括蝗虫、蟋蟀等，砂泥蜂却以毛虫为野味。猎物不同，它们捕捉猎物的方法和策略自然也就不同。

砂泥蜂的意思是“沙之友”，但我一直觉得这个名字并不适合它们。砂泥蜂并不喜欢那流动的、干燥的、粉状的沙，它们需要的是一块易于挖掘的松软土壤，那里的沙用一点黏土和石灰就能黏住。这样一来，在把食物和卵放到蜂房以前，它们挖掘的竖井才不会坍塌。

山间小路边长着稀疏草皮的朝阳斜坡是砂泥蜂最喜欢的地方。在这些地方，春天的时候有毛刺砂泥蜂，9月和10月，沙地

名师导读

砂泥蜂在我国各地都很常见，它属于体型修长的蜂类，胸部和腹部连接处非常纤细，腹部前半截为橘红色，很容易辨认。白天阳光充足的时候，砂泥蜂非常活跃，它们会飞到花丛中舔食花蜜补充能量，因为它的口器非常短，只能吸食花朵较浅处的蜜露，所以在一朵花上停留的时间不会太长，拍摄它们的动态着实不易。

砂泥蜂、银色砂泥蜂和柔丝砂泥蜂也会在这里现身。这四种砂泥蜂的洞穴都是钻出来的一个垂直的洞，像一口井似的。井的内径还不如一根粗鹅毛管那么粗，深度也才只有5厘米。井的底部是一间蜂房，蜂房很小，看起来很不起眼。这简陋的建筑并不用费砂泥蜂多少力气，很容易就挖成了，所以它的保暖效果不会太好。幼虫就只能靠它们四层壳的茧度过寒冬。

砂泥蜂建造住房时，非常谨慎认真。它们用前跗作为耙子，大颚作为挖掘工具。如果碰到很难拔出来的沙粒，翅膀和身子就会使劲颤动，仿佛在使劲吆喝着一般，那尖锐的沙沙声从地底一直传到上面。过不了多久，它们就会咬着挖出来的沙粒，“嗖”的一声从地底飞出来，然后用力地把沙粒丢向远处，以免它们阻塞现场。一些形状和体积特殊的沙粒，则会得到砂泥蜂的优待，它们不仅不会被丢远，还会被砂泥蜂小心翼翼地用脚搬运到井边放好，这些可是优质的建筑材料，将来封闭住房的时候会起到很大的作用。

住宅很快就挖好了。别以为砂泥蜂就闲下来了，它们还有很重要的任务要做。到了晚上，它们便会出发，去储存的小砾石那里巡视一番，选中一块中意的石子；如果找不到满意的，就到附近去找。它们要寻找的是扁平的小石子，直径比井口略大一点。找到以后，砂泥蜂就会用大颚把石板搬过来，暂时放在洞口上，以保证自己家不会被侵入。

第二天，如果天气晴朗的话，砂泥蜂便会出门捕猎。在暖洋洋的阳光下，它们轻轻松松就找到了自己的食物。它们先把幼虫麻醉，然后用嘴咬着它们的颈，用腿把它们拖回窝里。砂泥蜂总能够辨清自己的家，在我看来，放在它们家门口的小石板和其他的石板并没有什么不同，但它们就是有这样的本事，能够在众多石块中找到自己的家。它们把猎物放进井底，把卵产下来，把留在附近的余泥扫进竖井里，然后就可以把竖井永远封闭起来了。

四种砂泥蜂里，我只见过沙地砂泥蜂和银色砂泥蜂用石板把洞穴封起来，而其他两种砂泥蜂似乎从来都不会用这种方式去保护自己的住所。对于毛刺砂泥蜂，封盖似乎完全没有必要，因为它们总是在捕捉到猎物附近的地方挖个洞，随时把猎物储存起来。而柔丝砂泥蜂不用封闭物是因为幼虫太多。别的砂泥蜂一般在一个洞穴里放一只幼虫，而它们会放5只，这就意味着它们在短时间内至少要下到井里5次，那封住住所显然就没有必要了。

我经常会想，沙地砂泥蜂，尤其是毛刺砂泥蜂，它们捕捉的猎物身形庞大，有的甚至是自己的15倍，它们对待猎物也像普通的砂泥蜂那样只蜇一针吗？这一针如果没能使猎物麻痹，那么当猎物用它那强有力的臀部撞击蜂房的墙壁时，幼虫该是多么危险！

我曾有机会看到砂泥蜂用它的手术刀给粗壮的猎物动手术。砂泥蜂扑向一条肥大的毛虫，牢牢地抓住它的后颈，然后整个身子都骑在这庞然大物的背上，翘起腹部，在受害者的腹部那一面，从第一体节到最后一个体节整个儿都刺了一遍。这场景就像一个对解剖学了如指掌的外科大夫正有条不紊地操着手术刀，给患者身上划下一道道的痕迹。

砂泥蜂的动作精确得连科学也会艳羡不已，它知道人类可能永远不会知道的事情，它了解猎物完整的神经器官，它的行为完全受到天启。我想，它的行为都是在无意识的情况下做出的，我被这真理之光深深地打动。

我曾有幸在万杜山海拔1800米的地方，进行了一次非常难得的科学考察。在那里，我无意中发现了一块平整的大石板，好奇心驱使我走过去掀开了它。眼前出现的景象却让我大吃一惊——那下面竟然有好几百只的毛刺砂泥蜂。

这些毛茸茸的小家伙们显然是受到了惊吓，在我掀开石板的一瞬间，原本像蜂窝煤般攒在一起的它们开始乱跑乱窜，呈现出有些散乱的样子，可即使是这样，它们也不愿意抛弃自己的集体，就算再乱也总是和团体聚在一起。我很疑惑，到底是什么样的力量把它们如此紧密地凝聚在一起，是特殊的石板、神奇的土壤、还是这海拔1800米山峰的独特环境？我小心地检查了这里的一切，事实证明这里并没有什么特别之处。

就在我一筹莫展，只能百无聊赖地数着虫子打发时间的时候，雨水一滴、两滴地落了下来，因为是阵雨，雨势来得很快，不到一会儿的时间就把地皮都打湿了。我不忍心那些可怜的小家伙遭受雨水的毒打，便急忙把石板放回了原位，希望这些小生命们能得到庇佑，顺着生命的轨迹慢慢成长。

要知道，虽然毛刺砂泥蜂在平原地区并不罕见，但看到它们如此大规模地聚集可并不是一件容易的事。它们像朗格多克飞蝗泥蜂那样，信奉独行侠的原则，总是过着独来独往的生活，或是孤零零地出现在山间小路边，或是独自停留在小沙坡上。有时候在挖竖井，有时候忙着搬运笨重的幼虫猎物。

根据以往积累的经验，我试着解释在万杜山顶的毛刺砂泥蜂成群聚居的原因。首先要明确，它们不可能准备在那里越冬。而万杜山山势险峻，陡峭高耸，山上常年低温寒冷，朔风凛冽，怎么可能会对热爱阳光与温暖的毛刺砂泥蜂有吸引力呢？据我估计，毛刺砂泥蜂只不过是在路过万杜山之时嗅到了空气中雨的味道，迫于无奈只好停下来躲在大石板下避雨。要知道，昆虫对天气的变化有着异常的敏感。

毛刺砂泥蜂天性怕冷，所以在冬天的时候，它们必定要离开冰天雪地的北方迁徙到温暖的南方，它们就像鸟类一样，成群结队地飞过千山万岭，迎着日出日落马不停蹄地赶路，直到找到一处舒适的新居。这一群迁徙者从寒冷的地方出发，前往南方的热带平原。途中，灵敏的嗅觉告诉它们大雨将至，所以它们只好停在万杜山顶的石板下暂时歇歇脚。

思考·感悟

1.在文章中作者一共提到了几种砂泥蜂？分别叫什么？

2.在万杜山上，作者为什么把石板放回原位？你对此有何感想？

壁蜂：树莓桩中的住户

道路上长满了荆棘，修剪篱笆的农夫把树莓的藤蔓剪下，只留下茎桩。树莓桩的髓质柔软，容易挖掘，因此，许多膜翅目昆虫遇到这种干枯的茎桩，只要大小合适，就会毫不犹豫地在里面安身。这些树莓桩中的居民可以分为三类。

第一类擅长把干枯树干里的髓质挖出来，然后把这截管子用隔板分成数个隔间，作为幼虫的卧室。第二类则是一些技术和力量都不太行的昆虫，它们利用别人丢弃的房子，把巷道里的茧屑、坍塌下来的碎地板扒掉，用黏土或者用唾液混合髓质残屑来制作新的隔板。寄生虫则是树莓桩中的第三类居民，它们不用自己挖掘房间，不用储备粮食，因为它们直接把卵产在别人的房间里，让幼虫吃业主的粮食和幼虫。

名师导读

由于壁蜂具有早春活动早、耐低温、繁殖率高、活动范围小、传粉速度快、授粉效果好、管理简便，以及即使在雨天等恶劣天气也能出巢授粉等特点，常常被人工驯化为果蔬授粉。

壁蜂一年中有320天左右在管巢中生活，有40天左右在管巢外进行授粉活动，便于放养管理，也自然避免了与果蔬打药的矛盾。

壁蜂尤其适合于梨、苹果、桃、樱桃、猕猴桃、杏、李、枣等果树授粉，利用壁蜂给果树授粉，提高果品产量和质量效果非常明显，并且果实抗病能力强，果型端正。

壁蜂

在树莓桩中的所有居民里，要数三齿壁蜂的房间最精美，规模也最大。它们的巷道深约一肘，内径有一支铅笔粗。壁蜂从洞底到洞顶会做出一个连一个的房间，用来储蜜、产卵和蜂房。每只卵都有自己的卧室，每个卧室长约1.5厘米，两个卧室之间用隔墙隔开，隔墙的材料是树莓髓质的残屑和壁蜂的唾液。为了节约时间，壁蜂并不会飞出去把自己扔出去的髓质捡回来，而是在巷道壁上保留着一些髓质——这是预先存留下来用来造墙壁的。它们用大颚尖在巷道壁上削刮，中间宽而两边窄。这样被削刮的部分就成了一个卵球形的空腔，有点像小木桶，这就是第二间蜂房。

削刮下来的髓质既是前一间蜂房的天花板，又是下一间蜂房的地板。另一份蜜浆口粮就放在这样的地板上，卵也就产在这份蜜浆的表面。就这样重复这个步骤，最后到达竖井的末端时，壁蜂会用一大团灰浆把管子封住。

蜂房的数量跟树桩的质量有很大关系。如果树莓桩很长，没有木疤，房间可以达到十五间。为了看清蜂房的结构，等到幼虫包裹在茧里的时候，我把树桩竖直劈开。每个小隔间里都有一只红棕色半透明的茧，里面的幼虫弓起身子像个钓鱼钩。

在这一串茧子里，最里面的那个年纪最大，最年轻的则是靠近出口的那间蜂房里的茧。这些茧按照年龄，从底部排到顶端，每个茧都填满了属于它的那个楼层。壁蜂羽化之后，只能从树莓桩上端的洞口出去，下端连着泥土是没有出路的。当然，壁蜂也可以凿穿蜂房的墙壁出去，但是这一层墙壁又厚又硬，需要极大的力量才能凿穿，弱小的成虫在开凿墙壁时，甚至会因力气衰竭而丧命，所以它们只在走投无路的情况下才采用这一方法。通常情况下，羽化后的壁蜂都会想尽办法从上端的出口出去。

然而，过道实在太过狭窄，如果下层的壁蜂先羽化，上层的壁蜂又待在原地不动的话，它要如何通过呢？

为了研究壁蜂出窝的情况，我挑中了强壮有力的三齿壁蜂来完成实验。我从一段树莓桩中，取出10个左右的茧，严格按照自然顺序叠放在一个玻璃试管中。试管与壁蜂巷道是相同的，一端封闭，一端敞口。我把高粱秆切成厚约1毫米的圆薄片用来做人工隔墙。为了模拟自然环境，高粱秆外面的纤维层被我剥掉了，只留下了壁蜂大颚容易穿透的白色髓质。然后，我用一个厚厚的纸套子套住试管，以避免光线扰乱必须在完全黑暗中度过的幼虫期。最后，我把这些试管口朝上悬挂在实验室的角落。这样一来，我就完全模拟了自然环境，而且可以随时摘掉套子，观察壁蜂的情况。

无论出茧的第一只壁蜂在窝里的什么位置，它要做的第一件事都是去啄天花板，在天花板上挖一个锥形的洞口，然后它会遇到下一个茧。当它的头在洞口处碰到了弟弟妹妹的摇篮时，它会十分谨慎地停下来，退回到自己的房间里去等待。等得不耐烦的时候，它会试图从巷道壁和挡道的茧中间钻过去。为此，它会咬噬蜂房的内壁，拼命想要挤出一条路来。

树莓中的管道直径跟茧的直径是一般大的，在那样的管道里，除非墙壁上的髓质相当丰富，才有少数雄蜂能从侧面逃脱出去。如果这种可能性消失了，壁蜂看到自己前面有个不可穿越的大茧，就会乖乖回到自己的房间里等待。如果相邻的两只壁蜂同时获得自由，就会相互拜访，有时还会待在一个房间里共同等待。只要领头者把路打开出去了，其他的壁蜂也会跟着出去。

只要有机会从别的地方出去，壁蜂一定会利用这种可能性的。它们唯一不做的就是用大颚咬住前面一个茧。茧是神圣不可侵犯的。咬破弟弟妹妹的摇篮给自己打开一个洞口是绝对不被允许的。那么，假如前面一层蜂房的幼虫死在茧里，或者卵没有孵化，遇到这样的情况，壁蜂会怎么办呢？

我在玻璃管子的一层放入装着活蛹的茧，另一层放着因硫化碳的蒸汽中毒窒息而死亡的茧。两者彼此交替，中间仍然以高粱秆片隔开。羽化后，那些壁蜂没有多少犹豫，就开始向死茧进攻，从这些死茧中穿过。可见，它们对死茧是不会手下留情的。

现在我在管子里全部放上活蛹的茧，但并不是同类的。它们种类不同，大小却一样，不过，我特意用了两种羽化期不同的昆虫的茧。壁蜂羽化得早一些，它们从茧里出来了，其他昆虫的茧都被它们咬成了碎块。可见，壁蜂不会顾惜别种昆虫的活茧。我完全不知道，在漆黑的巷道里，壁蜂怎么区分同类的死茧和活茧，又怎么辨别与自己不同类的昆虫的茧。

正常的自然条件下，树莓桩都是垂直的，洞口朝上。但是我可以改变这种状况，我可以把管子水平或垂直放置，既可以让洞口朝上或者朝下，又可以让管子两头都打开。这些不同的条件下又会有什么发生呢？

我让管子垂直悬挂，上头封闭，而下头敞开，相当于一截倒挂的树莓桩。在这种情况下，大多数壁蜂羽化后，都会受地心引力的影响，向上挖掘，只有少数的壁蜂会向下开辟出口。但是，

它们在往反方向挖的过程中会遇到一个巨大的问题：壁蜂把挖出来的碎屑往后抛，碎屑会受到自身的重力影响而落下来，于是壁蜂就陷身于没完没了的战场清理工作中。只有位于最底层的壁蜂，它们毫不犹豫地挖掘身下的隔板，最终有那么两三只能够得到解放。

促使底层昆虫往下走的原因是大气。在底层可以感觉到空气，随着楼层的升高，空气迅速减少，所以底层数量很少的昆虫在大气的影响下掉头向下面的出口走。但是大部分的昆虫受重力的影响大过大气，还是往高处走。

我还尝试了另一种情况，将两头开口的瓶子水平放在桌子上，这样壁蜂可以在同一重力条件下，选择向左走或者向右走。另外，碎屑也不会掉落到大颚底下以致影响壁蜂的开凿工作。结果管里的10个茧，5只从左边出去，5只从右边出去。我试着将试管调转方向，结果还是一样。而且壁蜂没有反复尝试是该向左还是该向右。只要查看一下洞的形状和隔墙表面的状态就能知道，壁蜂的决定是果断的：一半向左，一半向右。这样的排列除了对称，还符合花费力气最小的要求，遵循着机械学中的“动作最少原则”。

还需要补充的一点是，如果水平放置的管子也有一头是封闭的话，那么这一排壁蜂都会向一个方向走。在一根水平放置的管子里，重力不再对昆虫起作用，那昆虫要怎么决定进攻哪边的墙呢？我总怀疑这是大气的影响，大气可以从开口的两端感觉出来。如果一边的障碍比另一边少，那么对这边的影响就大些。而昆虫对这种差异十分敏感，立刻就能辨别出离空气最近的隔墙。

总之，壁蜂这种感觉天赋，应当是自然赐予的。但是人类却没有，我们真的像许多人断言的那样，从第一个形成细胞的生蛋白原子经过千万年的进化而变得尽善尽美了吗？

思考·感悟

1.对于壁蜂坚决不伤害弟弟妹妹的茧，你有什么感想？

2.作者的实验过程是怎样的？请简单叙述。

赤铜短尾小蜂：佩剑的小剑客

赤铜短尾小蜂是一种孱弱的、不起眼的昆虫，比家蚊还要小。它有一双珊瑚红的眼睛，身上穿着赤铜色的外套，屁股上长着一根尖刺。这根看起来像一把宝剑的尖刺实际上是它产卵管上的剑鞘。剑鞘在腹部末端斜立起来，里面是产卵管丝状体的后半部分，前半部在小家伙体内一直延伸到腹腔。

这个屁股上佩剑的小剑客喜欢骚扰石蜂，把卵产在石蜂的蜂房里。它讨伐石蜂的蜂巢，用触角一点一点地开拓地盘，把短剑插入凝灰岩中。有人来观察它的工作时，它也毫不在意，依然坚守岗位。它是这样的自信，甚至可以径直闯入我的实验室，争夺我用来观察蜂群繁衍情况的蜂巢。在我的放大镜下，在我的镊子尖旁边，它从来没有表现出自己的畏惧。就算我用手把蜂巢拿起来，移走，放下，再拿起来，这个小虫子依然无动于衷，继续在我的放大镜下进行它的安居工作。

它也会去高墙石蜂的蜂巢里串门。蜂巢里的大部分蜂房，都被一种叫作暗蜂的寄生虫茧占据。这个新发现令小家伙很高兴，一连四天，它一个蜂房接一个蜂房地拜访，选择合适的茧，将它的产卵管深深地插进去。这个放肆的造访者为了要给家族准备食物，无论是什么品种它都不在乎。它有一种像未解之谜一样的特殊感官。这种感官告诉它，它要找的东西就在茧的丝质表层下面。

能在远距离感受眼所不能看、鼻所不能闻、耳所不能听的特殊感官存在于哪里呢？通过观察它，我发现这种特殊的感官就存在于它那对触角的顶端。如果勘探点合适，虫子就将脚高高吊起，给自己留下足够的活动空间。然后稍稍拉长自己的腹部末端，将包括接种线和剑鞘在内的整个产卵管，再以后面的4条腿形成的四边形中部，直直地插进茧里，这样的位置有利于取得好的效果。

它把整个产卵管贴在茧子上，用尖端搜寻摸索，然后钻探丝忽然从剑鞘中拔出。剑鞘随之沿着身体的中轴向后收回，而钻探丝努力地向内穿入。这种过程十分艰难，我见过虫子试了二十几次都无法穿透暗蜂厚厚的外壳。如果钻探无法深入下去，钻探丝就会收回到剑鞘里，虫子再进行一次探测，用触角一点点地进行叩探，这样一次又一次地重复下去，直到成功为止。

赤铜短尾小蜂产出的卵是白白亮亮的纤小纺锤体，长约3.2毫米，没有秩序地堆积在提供养料的幼虫周围。总之，在一个蜂房里，卵的数量会出奇多。对这位小剑客而言，一只石蜂幼虫，就足够养活它的二十几个子孙。

赤铜短尾小蜂的母亲是否会估计粮食的数量，并根据食物丰盛的程度有计划地产卵呢？我曾经在一个面具条蜂的蜂房里发现54只赤铜短尾小蜂的幼虫，这真是个可怕的数字。也许有两位母亲曾经在这个过度繁荣的地方产了卵。根据我

名师导读

有一种中华石蜂，主要分布在我国的新疆维吾尔自治区，它的翅膀是褐色的，前缘及端缘色较深，闪紫色光泽，足为红褐色。上颚端部有3小撮金黄色毛，表面被稀的金黄色毛，上唇边缘有较长的金黄色毛。

的统计资料，在高墙石蜂的巢里，幼虫的数目总是在4～26只不等；而在棚檐石蜂的蜂房里，这个数字是5～36只；在三叉壁蜂蜂房里，数目是7～25只；在蓝壁蜂的蜂房里，只有5～6只；在暗蜂的蜂房里是4～12只。

从第一种和最后两种的区别上可以看出，食物的丰盛程度和进食者的数目之间存在着比例。当母亲遇上面具条蜂胖嘟嘟的幼虫，它会一下子产下50只卵；而遇上暗蜂和蓝壁蜂，这位母亲就会只产半打卵了事。能根据食物的多少而产卵，对它来说是非常了不起的事情，更何况虫子是在异常艰难的条件下确认蜂房里有些什么。因为天花板挡着，小家伙只能通过外部的状况来获取信息，但蜂巢是一种蜂一个模样的。因此，它可能具有根据居所大小来确定蜂巢类别的特殊辨别力，我不愿意做出这样的假定，倒不是直觉上感到不可能，而是三叉壁蜂和两种石蜂告诉我的。

在这三种蜂的蜂房里，我看到了嗷嗷待哺的赤铜短尾小蜂幼虫的数目变化如此之大，让人必须放弃任何比例之说。母亲只是在随心所欲地产卵，它才不担心家人的食物够不够呢。如果食物超量，一家子就会发育得很好，个个强壮无比。但是如果食物匮乏，挨饿的幼虫虽不致饿死，也会越来越瘦小。确实，我经常看到不同群居密度下的成虫或幼虫，体型上有两倍的差异。

幼虫白白的，有点像梭子，很清楚地分成几节，借助放大镜就能看到它的身体表面竖着一层纤细的绒毛。头的直径远小于身体，像一个红红的小纽扣。在显微镜下，能看到它的上颚，两个红褐色的突起，颜色逐渐变淡，直至无色。因为没有下颚，所以两个上颚什么都嚼不了。因为无法切碎食物，嘴的作用只相当于一个简单的吸盘，通过皮肤的渗透来将食物吃光。进食牺牲者时不需要一下子就杀死猎物，而是让它们日渐消亡。

二三十个饿殍，个个嘴巴像接吻一样贴在胖胖的猎物身旁两侧，一天天使之憔悴衰竭，但并不给它造成明显的损伤。直到干枯成一层皮囊，猎物都还保持着新鲜。这是一幅多么古怪的场景！如果我惊扰到在进食的小家伙们，它们就会猛然间全部停下嘴来，没头没脑地乱跑，然后再次敏捷地重新开始野蛮的“接吻”。我再补充一下，无论是丢下食物的那一刻，还是重新进食的那一刻，食物中没有任何液体外渗。

在抢占来的住宅里差不多待了1年之后，也就是夏初时分，成虫出现了。同一个蜂房里住了那么多房客，我能预感到出巢的场景应当具有一定的趣味。每只虫子都渴望尽早摆脱樊笼的束缚，去阳光下欢庆节日。它们会一窝蜂般地去把房顶掀开呢？还是会有秩序地一只一只解放自己呢？我需要观察才能得知。

我预先将每一窝蜂都转到一个短玻璃管里，用玻璃管代替原先的蜂房，再用一个长约1厘米的结实的软木塞充当破壳而出时的障碍。玻璃下的那一群囚徒，没有像我期待的那样匆忙，也没有慌乱地挥霍力气，而是井然有序地开始了漫长的挖掘工作。只有一只虫子在软木旁钻孔，它用上颚细心地一粒粒地挖掘，欲挖通一条能容下身体的通道。一旦体力不支，挖掘者就会离开工地，回到大家中间休息。后面的一只蜂会补上来，直到第三只蜂也来接替工作。就这样工地上始终有人在干活，一个接一个，没活干的大队人马则安静地等在一旁。它们对自己能够出去这件事丝毫不怀疑。等待的时候，有的用后腿打磨翅膀，有的动个不停来消除烦恼，有的把触角放进嘴里舔舐，有的在交配，这是打发时间的有效方法，无论老少。

在交配的虫子可以算是这一窝里的幸运儿。别的虫子并非无所谓，而是缺乏爱人。一个居所里的两性比例非常不平衡，雄性总是少得可怜，有时甚至一只都没有。不论它们把卵产在哪种膜翅目昆虫的巢穴里，这种不平衡的现象都是普遍存在的。在棚檐石蜂的茧里，我发现的是六雌配一雄的比率；在高墙石蜂的茧里，则是十五雌配一雄。我无法解释这种现象，正如我不明白，既然菊苣的块根可以是无性的，为什么其他生物又要有性别之分？

思考·感悟

1.赤铜短尾小蜂通过什么方法繁衍后代？

2.赤铜短尾小蜂会不会根据食物多少产卵？

3.你对赤铜短尾小蜂井然有序地进行工作有何感想？

长腹蜂：寻求温暖的独行侠

长腹蜂怕冷，喜爱热带气候，这种习性正说明了它们和其他捕食性膜翅目昆虫有所不同。它们的蜂巢容易渗水，而且极不坚固，往往会被雨水淋坏，如果长时间被湿气笼罩，蜂巢就很可能坍塌，因而它们必须找一个温暖、干燥的栖身之所。要寻找这样的庇护所，莫过于求助于人类。所以，长腹蜂经常会光顾我们的寓所，寻求温暖。不过，它们依然不会与人类太过亲密。

长腹蜂经常光临人们的寓所，却又不为人所熟知。因为它们性格孤僻，默默无闻，又有独守一处的习惯。长腹蜂似乎生性喜欢独来独往，如果不是处在特别有利的环境中，它们一般都单独筑巢，一代又一代自觉地改变巢窝地点，几乎没有一只长腹蜂会回到自己出生的巢穴，也不会在母亲的陋室旁边再构筑新巢。

这种昆虫极其惧怕寒冷，它们通常蛰居在灿烂的阳光下，为了使家人更温暖，它们还需要我们人类寓所中提供的热气。选择筑巢地点时，它们会一颠一跳地巡视，用触角顶端探测被熏黑了的天花板四角、搁栅的每个小角落、壁炉台尤其是炉膛内壁和烟囱。一间没有被烟熏黑的房屋是得不到它们的信任的。因此，察看烟囱被熏黑的程度，就能辨认出哪些地方适合它们。

它们最偏爱的地点是烟囱的管壁。之所以喜欢那里，是因为烘箱的高温很适宜长腹蜂幼虫的生长。可是这个温暖的庇护所也有缺点。冬天生炉火的时间很长，在烟熏火燎之下，它们的窝上会积起一层黑色或栗色的烟灰。不过，烟灰只是影响外观而已，并没有多大危害，真正危险的是炉火中蹿上来的火苗。长腹蜂似乎早就预见到了火苗的危险，它们只会将子孙安置在那些管口仅容一股浓烟通过的烟囱壁上；对于狭窄的、火苗可以侵占整个管口的地方，它们则心存疑虑，敬而远之。

对它们来说，人类洗衣服的日子也最是可怕，大锅中的水不停地沸腾，女主人从早到晚都生着火，她不停地往锅子底下添加各种木屑、树枝、树皮、树叶和一些难以充分燃烧的东西。屋里的浓烟、锅里冒出的蒸汽和壁炉上的水汽，在炉膛前形成了一片密不透风的乌云，这时的长腹蜂往往一头雾水，不知所措。不过，只要蜂巢还没有筑成，食物还没有储存，房门还没有封闭，它们就仍会与烈火和蒸汽搏击，直到建造好巢穴，并将后代安顿好。

长腹蜂的窝只是一堆泥巴，粘在支撑物上没做任何特殊的黏性处理：既没有水泥使筑巢的材料快速凝结，也没有与支撑物合为一体的基座。虽然布袋上粗糙的针织圈有利于黏附，可蜂巢还

名师导读

长腹蜂对环境的温度是很挑剔的，而对于巢穴的建筑艺术倒显得无所谓。有的长腹蜂将自己的家安在了裸露的墙壁上，或者是涂过灰泥的搁栅上。另外，许多其他的支撑物也成了它们的安家之处。有一个蜂巢，甚至建筑在了一个干枯的葫芦里面，而这个葫芦挂在农家的壁炉上，里面放着农夫狩猎时会用到的铅弹。

是经不住我稍微一抖便在我装谷物的粗布袋上纷纷滚落下来。一旦蜂巢是附着在一块网眼细密、垂在桌边的白桌布上，哪怕是一阵风吹过它们都会抖个不停。选择人的居所中的某些地方筑巢对它们的蜂巢是十分危险的，这位建筑师显然并未吸取它们的祖先数个世纪以来积累的经验教训。

它们的建筑材料全是从湿度适宜的土壤中四处收集来的烂泥、泥巴。当灌溉渠中的涓涓细流昼夜奔流着，使一块块菜田里打蔫的蔬菜重新焕发生机时，一些住在附近农庄的长腹蜂很快就得知了这一喜讯。它们蜂拥而至，在令人沮丧的旱季采集宝贵的烂泥。它们四足高高翘起，扇动双翅，黑黑的肚子卷起来触到它们黄色的爪子，用上颚仔细搜索着，从闪亮的淤泥表面挑选出精华。它们小心翼翼地按照自己的方式将身子往上翘起，也就是说，除了足尖和上颚，整个身体和烂泥保持着距离，这些捡泥巴的虫子其实一点儿都不脏。

长腹蜂采来泥巴后，几乎不进行任何加工就直接用来筑巢。我用手指采来的泥团与我从采集者那儿偷的泥团进行对比，无论是外观或是特性上，我都没发现这两者之间有任何不同。它们的蜂巢只是一团晒干了的淤泥，往蜂巢上稍微浇点儿水就像下了场小雨，一旦沾湿就会立刻恢复原样，使它们变成一摊烂泥。显而易见，即使幼虫不那么怕冷，这样的蜂巢也不适于户外。这样，暂不提温度，有关长腹蜂对人类居所的偏爱的问题就迎刃而解了。正是在人类的居所里，同时具备幼虫所需的温暖和蜂巢所需的干燥这两个条件。长腹蜂在这里得到了比别处更好的、能抵御湿气侵袭的保护场所。

整个蜂巢近似圆柱形，从顶端到底部直径逐渐增大，长3厘米，最宽处约15毫米，整个建筑显得优雅，格调清新。它们由很多个小房间组成，有时并排在一条线上，彼此紧挨着，这时建筑物看起来有点儿像一支排箫，管子都短而雷同；有时是数目不等地集结在一起，层层叠叠。只要在蜂巢表面涂抹上一层薄浆，就会十分均匀光滑，还可以看出一条条凸起而倾斜的细纹，令人想起某些花边饰物的螺旋形流苏。每一条细纹都是建筑物的一层基石；夯完一层土，长腹蜂就往上筑下一层土，细纹就是这么来的。

蜂巢里的蜂房数目不等，有的多达15间，有些只有10间左右，还有一些更少，只有三四间，甚至只有1间。所有蜂房的主轴一般都是水平或略有点儿偏斜，出口总是朝着高处。长腹蜂的蜂房只不过是一只用于储存食物的坛子，如果让开口向下，那它们里面的东西可就全掉光了。

如果有时间数数有多少条细纹，你就会知道长腹蜂为采集灰浆奔波了多少次。我数了一下，有15～20条。单单为筑一间蜂房，这位勤劳的建筑工就得为搬运建筑材料来回飞二十几次，甚至更多，因为任何一间密不透风的圆形蜂房，都不可能一蹴而就。

长腹蜂认为蜂巢的数量足够时，就会停止筑巢。产卵期将至，蜂巢陆陆续续地被建好了，里面塞满了蜘蛛后就被封闭起来。它们把所有蜂巢用一种防御性涂料掩盖起来，蜂巢间的沟纹、螺旋形流苏状的密封圈、粉饰灰泥的光泽，全都被掩盖了起来。它们用上颚尖随意将采集来的泥团不经任何加工就往窝上贴，几乎都不加平整。蜂窝似乎像是一团偶然地猛溅到墙上并风干了的泥巴，其最后的模样像极了一只隆起的奇形怪状的瘤子。可见，只要能给幼虫提供一个安乐窝，对长腹蜂而言，蜂窝无所谓美丑。

思考·感悟

1.长腹蜂为什么经常光顾人类的寓所？

2.长腹蜂最喜欢的地点是哪里？

名师导读

黑蛛蜂生长在沙漠，具有可以多次使用的毒针，它的猎物是黄金蜘蛛，由上至下攻击黄金蜘蛛，用毒针刺入体内，麻醉猎物。

事实上，成年黑蛛蜂为幼虫准备的唯一的食物就是蜘蛛，它们将蜘蛛关在一个黏土壳里——像樱桃核一般大的小壳子。小壳的外面有呈结节状的扎花绲边修饰，单个的黏土壳看起来就是一个没有脑袋的椭圆形物体，是一个非常规则的形状。

黑蛛蜂：制陶艺术家

斑点黑蛛蜂和透翅黑蛛蜂个头不高，仅比家蚊略大，看似弱小却才华横溢。能凭着自己的瘦弱身躯制出相当完美的“陶器”，但两种黑蛛蜂所制的“陶器”也是有所不同的。斑点黑蛛蜂的蜂巢体积比樱桃要小，外形似一只只椭圆的短颈广口瓶；而黑蛛蜂的蜂巢则为圆锥形，口宽底窄，颇似古代的小盅。黑蛛蜂的蜂巢独立且互不相干，它们以一点为支撑，从一端到另一端规则隆起，好似迷你碟里的许多小盅。黑蛛蜂无愧于“制陶者”的称号，任何用黏土筑巢的昆虫都比不上它们。

这两种黑蛛蜂的蜂房外部都粗糙不平，就像建筑工人装修时草草了事一般，根本就没把外表的泥巴抹平整。外壁裸露的粗泥渣也没有经过任何的精加工，等制陶工塑完坛口，外边这片泥渣依然如故。尽管外部这样不美观，但是蜂房内壁却相当光滑，真可谓是精心装饰。它们在蜂房的内壁上，产卵储存食物，最后将蜂房封口。黑蛛蜂的坛坛罐罐杂乱无章地聚在一起，没有任何保护措施，蜂巢看起来也就不堪一击。

然而雌黑蛛蜂却有自己独特的保护措施，那就是蜂房内壁的防水性。如果往长腹蜂的蜂房里加一滴水，水珠则会立刻软化内壁；若往

黑蛛蜂的蜂房里加一滴水，水珠会停留在原处，不会渗透到内壁。黑蛛蜂蜂房内壁为什么会有防水性呢？这得益于它们对内壁的装修。用于加工内壁的材料是粗粒的方铅矿中所含的硅酸铅，正是这一特殊材料，才使得内壁具有了防水性。

现在我们做一个实验，如果把一个黑蛛蜂蜂房，放置于一个水珠上，那么水珠很快从底部渗透到顶端，随即出现的是坛子的倒塌。但奇怪的是只有薄薄的内壁保存完整，这也就证明了一个道理，只有蜂房内壁具有防水性。防水剂来源于黑蛛蜂的唾液，由于它们体态纤细，唾液含量有限，因此会优先装修蜂房的内部，这直接造成了内壁和外壁的区别。

黑蛛蜂采集干燥的泥土，混合自己的唾液，不断进行搅拌，使这些泥土成为可塑性的黏土，这些黏土就是内部的装修材料。而外部所用材料是自然湿润的泥土，它们不能再吸收唾液了，因此质地也就相对差一些。黑蛛蜂还有两个贮液罐：一个是腺体，类似储存防水化学反应物质的细颈小瓶；另一个是嗉囊，好比注满水的干葫芦。有了这两个贮液罐，它们就能更好地筑巢了。

黑蛛蜂是怎样选择筑巢的材料呢？我不知道，只是依据习惯猜测而已。长腹蜂收集的泥土无须做任何加工；而石蜂却是对每一粒水泥经过悉心筛选并用唾液调和成糊状，形成自己的筑巢材料。那么黑蛛蜂的蜂房又是近似于哪家呢？我无从得知。它们所筑的蜂房颜色各异，白的如路上的灰尘，红的像我家门外的一片沙砾，灰的仿佛泥灰岩岩床。黑蛛蜂到哪里去收集这些各色的建筑材料呢？从色泽上看，肯定是来自不同地区，但谁知道这些材料被采集的那一刻究竟是呈糊状还是粉状呢？

黑蛛蜂有保护自己的秘诀，但是长腹蜂却不懂这样的科学方法。它们是如何使自己的住宅具备防水性的呢？正因为它们没有黑蛛蜂聪明，所以它们用的是最普通的老办法。它们把外壁用粗水泥涂抹得厚厚的，用来保护其容易浸水的住宅。它们各安天命，侏儒用清漆釉面，巨人用黏土涂层。

虽说黑蛛蜂内壁光滑有涂层，但是也经不起水的侵袭，且它们本身并不牢固，裸露在外就更不安全了，因此它们得为自己找一个安全的栖身之所。这些栖身之所不必太豪华，只要能遮风挡雨就好。倾颓墙角下的墙洞，树桩下的一个洞穴，石子堆下一只破旧的蜗牛壳，天牛在橡树上留下的旧居，一只条蜂遗弃的蜂巢，一条肥大蚯蚓缓慢爬过留下的甬道，蝉蛹所居的洞穴，这一切看来都不错。

黑蛛蜂从不亲近人类的居所，它们总是为自己选择户外的住宅。在这一方面，斑点黑蛛蜂表现得要更随便一些。不过，这也只是相对而言，无论哪种黑蛛蜂，在对住址的选择问题上，它们都与总将巢穴建立在人类居所内的长腹蜂截然相反。不过，它们对蜂巢的支撑物一点也不关心，常常选择一些奇怪的场所来筑巢，这一点倒是与长腹蜂一模一样。

思考·感悟

1.斑点黑蛛蜂和透翅黑蛛蜂的巢穴各有什么特点?

2.黑蛛蜂蜂房内壁为什么会具有防水性?

隧蜂：蜂蜜的辛勤制作者

隧蜂是蜂蜜的辛勤制作者，也许人们每天品尝着新鲜的蜂蜜，却对隧蜂毫无了解。其实比起蜂房里的蜜蜂来，隧蜂的家族更为庞大。隧蜂的身材较为修长，但是几乎每一只隧蜂的体型都有不同。有的隧蜂甚至比一般的胡蜂还要大，但也有的隧蜂与家蝇差不多大小，或者比家蝇还要小些。

虽然隧蜂家族庞大，品种也十分繁杂，但它们却有一个共性：在隧蜂背部的最后一个体节，也就是腹部尾端，有一条光亮纤细的沟槽。当隧蜂进行防御时，它们的螯针就会沿着这条沟槽向上滑行。

名师导读

隧蜂形态不一，有的跟蟑螂大小差不多，有的比家蝇还小，这会令大家在辨别时一筹莫展。不过，隧蜂有一个永恒不变的特征，如果你抓到一只隧蜂，请仔细观察它的尾部，尾部有一道油光锃亮的钩槽，在它进入攻击状态时，蜇针会沿着这道沟槽做上升、下降运动。

我的第一个研究对象是斑纹隧蜂，它是隧蜂家族的代表成员。斑纹隧蜂有着优美的身材，就像黄蜂一样，它穿着朴素但不失优雅。它的腹部很长，在那里有一条淡红色与黑色相间的肩带所形成的环形条纹，非常漂亮。

斑纹隧蜂群体性地在我的荒石园中采集修筑地道所用的泥土。它们所使用的泥土是红色黏土与细小卵石的混合体，这样的材料非常适合隧蜂所修建的工程。斑纹隧蜂往往选择在坚实的土地里修筑地道，这样可以有效地避免垮塌。斑纹隧蜂群体中的成员数目并不是固定的，有时候多，有时候少，多的时候有100来只。它们的群落各自建立起自己的小镇，每个小镇之间互不干扰，各个群体独立地进行劳作。

每个斑纹隧蜂之间都是邻里关系，而不是合作关系。这样的关系让斑纹隧蜂的世界里弥漫着祥和安定的完美气氛。每只斑纹隧蜂都有属于自己的独立的房屋，它们不允许有任何莽撞的闯入行为。

4月是斑纹隧蜂为自己挖掘地道的时间。它们挖掘地道的工程很浩大，却不惹人注目，只会在地面上显露出一些小土丘。挖掘工程在4月结束，等到5月，斑纹隧蜂已经由挖掘工人转变为采集工人。

隧蜂居所的前厅隧道大约有3分米长，直径差不多与粗铅笔相当。这条前厅隧道的内壁凹凸不平，循着由卵石碎屑合成的土地，尽量地垂直往里延伸，但有时候也显得弯弯曲曲。在隧蜂居所的底部，每间小蜂房都以不同的高度横向层叠起来。每一间小住所的内部，墙壁都粉饰得非常亮丽光润。就像被漆了一层铅矿粉似的，小小的凹室一点也不漏水。幼虫有了这层防水保护层，就能够安心舒适地躺在自己的房间内。

气候宜人的5月到来了，各种生命重新绽放出活力：百花争艳，草坪碧绿，蒲公英成千上万地盛开了花朵，层层叠叠，雏菊和委陵菜也同样不甘示弱。就在这个优美的季节，隧蜂的房屋修筑工程已经完成的差不多了。蜂类昆虫在盛开的花朵上尽情地玩耍着，隧蜂的爪子被花粉沾满了，它们的嗉囊中也因充满了蜜而膨胀起来。回到巢穴中的隧蜂把自己采集来的花粉卸下，然后再把身子翻过来，把嗉囊中的蜜吐在土堆上。之后又重新飞回到花丛中开始采花粉，这样的重复工作要做好几次，直到自己蜂房中的食物足够食用。

接下来是制作食物的时间，隧蜂母亲掺拌着蜂蜜揉搓面团，制作丸状的食物。丸状食物外面的柔软部分是由含蜜的粥状物制成的，里层的部分则是用干燥的花粉做成的。食物制作完成后，一般蜂类昆虫所要做的事就是把房屋封闭起来。无论是条蜂、高墙石蜂还是其他的一些小昆虫，它们在把自己的房屋堆满食物之后就开始产卵，最后把房间紧闭。但是隧蜂不同，隧蜂幼虫会得到母亲精心的照料，直到幼虫将要转变为蛹的时候，母亲才把蜂房关闭。

但是，在这个过程中，隧蜂也会遭到其他昆虫的骚扰。一种胆大包天的寄生蝇，会对隧蜂家族进行疯狂的抢夺。我不知道这

种寄生蝇叫什么名字，它们的身长大约有5厘米，属于双翅目昆虫的种类，脸孔呈灰白状，眼睛是暗红色的，前胸也比较灰暗，爪子则是黑色的，灰色的腹部下端逐渐变为白色。它们身上还长着黑色的斑点，总共有五行，斑上长着纤毛。

寄生蝇成堆地聚集在坑洼中，等待着隧蜂回家的时刻。隧蜂采集花粉后，寄生蜂就开始跟踪。隧蜂在返程途中迂回飞行，寄生蜂也穷追不舍。直到隧蜂钻进自己的房子，寄生蝇也同样落在隧蜂的房门口。

隧蜂再次出来的时候，便开始与眼前的这只小虫对峙。从隧蜂的举止上看，它们似乎对这位入侵者没有什么兴趣。隧蜂并没有意识到自己的家庭将要遭受一场侵袭，而寄生蝇也没有表现出任何惧怕的行为。我不知道隧蜂为什么会表现得如此自如，只要它们愿意，就可以用它们那强大的爪子将对方的肚子捅破。它们也可以用自己的大颚把眼前的小虫子钳得粉碎，把它们的身体刺穿。但是隧蜂并没有这样做。

通往蜂房的道路非常畅通，等到隧蜂再次出去采集花粉的时候，这些寄生蝇就开始肆无忌惮地进入隧蜂的房间偷食。寄生蝇有着准确计算时间的能力，它们能够估算隧蜂回到洞中的时间，因此偷食活动显得更加猖狂。它们还会在蜂房中产下自己的卵，没有什么会打扰到它们。等到隧蜂返回自己家中的时候，这些偷食的小虫子早就消失得无影无踪了。不过它们并没有走得太远，它们就躲在不远处，等着隧蜂再次出洞后重新进入蜂房偷吃。

假如寄生蝇在偷吃的时候被隧蜂发现了，后果也不会很严重。隧蜂驱赶寄生蜂的唯一行为就是拍打一下寄生蝇的颈项，这也是在遇到那些过于胆大妄为的家伙的情况下才有的举动。尽管如此，寄生蝇进入隧蜂的蜂房里偷食和产卵，仍然是一件困难重重的工作。

因为隧蜂在回家的时候会把花粉涂在自己的爪子上，把花蜜装在嗉囊之中，在这种情况下，寄生蝇很难偷食，因为它们无法靠近蜜，花粉也没有稳固的支撑物。此外，隧蜂需要多次来回往返于花丛与自己的家中，囤积原料来制作丸状食物。等到拥有足够数量的原料后，隧蜂就会用自己的大颚搅拌食物。如果寄生蝇的卵混在材料中，处境就会很危险。所以，寄生蝇只能把自己的卵产在丸状食物的表面。不过，隧蜂听之任之的态度也给寄生蝇提供了便利。

寄生蝇的子女出生后，会与隧蜂幼虫混住在一起，抢食隧蜂幼虫的食物。隧蜂的孩子吃不到足够的食物，导致它们的身体得不到营养，因此很快就在羸弱中死去，死后的尸体就成为寄生蝇子女的食物。在自己的孩子正遭受厄运的时候，隧蜂母亲在做些什么呢？只要它们愿意，它们随时都能够进入到蜂房中探望自己的孩子，把捣乱者弄死或者赶出自己的家门外，然而隧蜂母亲却无动于衷。

更为可笑的行为还在后面。蛹期来临时，隧蜂母亲会把自己的蜂房关闭，这种做法对于保护蜕变的隧蜂来说是极其重要的。然而让人无奈的是，那些被寄生蝇蹂躏过的蜂房，隧蜂依旧会将它关闭，而狡猾的寄生蝇蛆虫早就在房门关闭之前逃之夭夭。

这些寄生的小虫似乎有着极强的预知能力，它们知道，自己会在关闭的蜂房中受困而死，所以总是提前搬走。当然，除了这一原因，促使寄生蝇搬迁的原因还有另外一个。寄生蝇只会产一次卵。7月时，这些后代正处于蛹的状态，它们等着第二年春天的时候发生蜕变。但是隧蜂却会在7月份第二次产卵，在产卵之前，它们会重新装修原来的蜂房。假如它们在清扫蜂房的时候发现了寄生蝇的虫蛹，就会把这些蛹当作废弃物一样清理掉。

7月时，隧蜂开始生育自己的第二代，刚好这个时候是寄生蝇休工不干的时节，这对于隧蜂后代的繁殖大有益处。等到第二年春回大地，寄生蝇羽化之时，正好也是隧蜂在荒石园中四处寻找挖掘洞穴的合适地点的时候。这样完美的日期协调显得非常可怕，当隧蜂开始活动的时候，寄生蜂的准备工作也做好了，一场抢掠的战争即将再次上演。

思考·感悟

1.隧蜂是如何制作食物的?

2.隧蜂为什么对待偷食者寄生蝇如此宽容?

土蜂：技艺精湛的麻醉师

靠捕猎那些头颅以外无甲壳保护的昆虫来维持生计的昆虫中，有一种叫作土蜂。根据种类不同，它们相应的食物也就不同，主要为：花金龟、蛀犀金龟、绒毛黑鳃金龟的柔软的幼虫。土蜂虽然捕猎那些无甲壳保护的昆虫，可是并不像砂泥蜂那样多次向猎物发起进攻，而是讲究一击中的。

土蜂的攻击行动我们是看不到的，因为它们总是在我们观察不到的地下秘密进行。为了了解它们的捕猎行动，我将一些土蜂和它们的猎物一同置于钟形罩下进行观察。

现在让我们来观察一只正在对付花金龟幼虫的双带土蜂吧。被囚禁的幼虫仰面朝天，顽强地爬行，在钟形罩底来回转圈，很快土蜂就注意到了它。土蜂不断地用触须连续敲打桌面，这桌面就好像是土蜂习惯的泥土。然后它冲向了猎物，用腹部的末端作为支撑，立起身子伸向花金龟的幼虫，并用尾部猛扫这个庞然大物。被攻击的幼虫并没有蜷成一团做出防御姿势，只是仰面朝天爬得更快。土蜂爬上了幼虫前部，把猎物压在身下，当作暂时的坐骑。它用上颚咬住花金龟幼虫胸部的某一点，将自己的身体横了过来，弯曲成弓形，努力使腹部末端的螯针到达合适的攻击区域。它的腹部末端在这儿试一下，那儿试一下，这个麻醉师对螯针的攻击点要求比较高。为此，它往往要经过多次的努力和尝试，因为它身体弯曲成弓形有点短，这样猎物肥大的躯体就无法完全被罩住。

有一次，当我揭开钟形罩时，观察到了一场激烈的打斗。幼虫被土蜂攻击后，努力挣扎着仰面爬行。突然，它蜷成一团，头部一甩，将敌人远远地摔出去。而土蜂并没有因为失败而气馁，它重整旗鼓，挥舞着翅膀再次向肥胖的猎物发起攻击。土蜂靠身体的后部攀上幼虫的身体后，将自己横着缠在花金龟幼虫的身上，然后身体弯曲成弓形，伸到猎物下方，上颚咬住幼虫胸部，最后腹部末端伸到猎物颈部附近。

处在危难之中的花金龟幼虫苦不堪言：它痛苦地扭曲着，一会儿蜷成团，一会儿又伸展开来，来回打滚。虽然场面纷繁杂乱，但土蜂仍感觉到腹部末端已刺到了合适的位置，只有在那时，土蜂才会拔出螯针刺进去。螯针一旦刺入了猎物的体内，攻击就算完成了。起初还

名师导读

为什么明知并不处在地下环境之中，土蜂仍然猎捕此时对它毫无用处的花金龟幼虫？它并未从花金龟幼虫身上吸取任何的体液，也并没有产卵就将猎物丢弃了。显然，这些土蜂对自己的行为一无所知，它们甚至对于猎物有什么作用也知之甚少。作为屠杀和麻醉的高手，只要机会成熟，它们便开始屠杀、麻醉猎物，不管最终的结果如何。它们的才能无法用我们的知识来理解，它们对自己的行为根本没有意识。

比较活跃、又稍显紧张的花金龟幼虫，刹那间变得松弛，毫无生气。它被麻痹了，就这样乖乖缴械了。自此以后它再也没有任何行动，只有触须和嘴部器官证明它还留有一线生机。

其他一些被我囚禁的捕猎者一旦捕猎得手之后，至少会用爪子试着带猎物逃出钟形罩，而土蜂却未做任何尝试，当它把螫针从猎物的伤口中抽出之后，就将猎物留在原地，而自己则沿着钟形罩壁飞来飞去，并不理会猎物。因为没有松软的土壤，土蜂没办法搬运猎物。它不从花金龟幼虫中吸取任何的体液，甚至不排卵就将猎物丢弃了，因为土蜂母亲过分谨慎，不愿让卵处在充满危险的露天里。但它仍用螫针麻痹猎物，尽管这时的捕猎行为已无任何意义。

挖掘沙子的沙地土蜂的食物是一种来自南方的黑金龟幼虫。我捉到了一只幼虫，来观察沙地土蜂麻醉它的过程。这只幼虫体形大，不容易在土蜂推动之下滑走。它胡乱地抖动着，侧身躺着，呈半开状。它在受到猛烈攻击时，会扭动身子，上颚一开一合。土蜂用长满密毛的爪子，牢牢箍住猎物撕咬着，它在近15分钟的时间里，一直朝这块肥肉胡乱地挥舞着螫针。最后，或许是找到了合适的部位和良好的进攻时机，于是螫针从猎物颈部下方和前足平行的中心点刺入。紧接着，猎物全身呆滞了，只有头部的附属器官、触须和嘴部器官还能稍微活动，看来这一击的效果简直是立竿见影。我饲养在笼中不断变更的其他猎手的捕猎情况也是如此，从同样一个明确的点刺入，产生相同的捕猎结果。

善于掘沙的膜翅目昆虫，它步履沉重，动作几乎如机械般僵硬，它不轻易拔出螫针进行再次攻击。大部分的沙地土蜂被用作实验时都拒绝我为它提供的第二只猎物，第二天如此甚至连第三天也这样，但是只要我用麦秆对它反复纠缠，它就又会进行捕猎的攻击行动。而身手更为灵活、更富有捕猎激情的双带土蜂则对猎物来者不拒。虽然这些家伙足够贪婪，但也有不活跃的时候，那时它们就不会再去另觅新欢了。

说实话在看到土蜂如何捕猎之前，我只是根据对猎物的解剖而得出结论，花金龟、黑鳃金龟、蛀犀金龟的幼虫都应该是遭到捕猎者一击而被麻痹的，我甚至还可以精确指出螯针的攻击部位，就是在紧靠前足胸部的中心点。三种受害者中，我只观察过其中两种的身体结构，对于第三种我相信也不会违背这一规律。其中所观察的两种受害者，都只被螯针攻击了一次，而且都在事先被确定的部位注入了毒液，就好比说一台天文计算器预测星球的位置也不会比这更准。由于缺乏对其他种类的土蜂的研究素材，我对土蜂的了解还远远不够。

思考·感悟

1.双带土蜂是如何与花金龟幼虫进行战斗的？

2.为什么土蜂将猎物麻醉后就不再理会它了？

第五章

天牛：住在树身里的昆虫

天牛幼虫就像是蠕动的小肠。每年秋季来临，我都能看见两种不同年龄的天牛幼虫，有一根手指粗的是年长的幼虫，粉笔大小的是年幼的幼虫。此外，我还看见颜色深浅不同的天牛蛹和一些天牛成虫，它们的腹部呈鼓胀状，一旦天气转暖，它们就会从树干中出来。天牛在树干中大约要生活三四年，它们是如何度过这漫长而又孤独的囚徒生活呢？

天牛幼虫在橡树树干内缓慢地爬行，用黑而短的大颚挖掘通道，将挖掘留下的木屑作为食物。它们吃完筑路工程所挖出来的碎屑后，就有了前进的空间，它们不断前进，不断消耗碎屑，随着工程进展，道路就被挖出来了。所有的钻路工都是这样工作的，获得食物的同时又可以找到安身之所。

天牛幼虫将肌肉的力量集中于身体前半部分，使头部呈杵头状，这样做恰恰是为了使两片半圆槽形的大颚能顺利工作。它们的嘴边有黑色角质盔甲围绕，其可以加固半圆凿状的大颚。此外，它们还有像缎面一样光滑细腻，像象牙一样洁白的皮肤。这光泽和洁白来源于幼虫体内营养丰富的脂肪层。

在自己挖掘的长廊里，天牛幼虫进退自如，它们借助背腹面的双重支撑，交替收缩和放松来行走。倘若背腹面的行走步带只有一个可以使用，那么它们就不可能前行。在光滑的桌面上放置一只天牛幼虫，它会缓慢弯起身体乱动，伸长或收缩身体，却寸步难行。而把它放在有裂痕的橡树树干上，它就可以从左到右，又从右到左，缓慢扭动自己身体的前半部，抬起、放低，不断重复这个动作。

这种生活在树干中的昆虫既没有视觉，也没有听觉，因为在厚实、黑暗的树干中，不需要视觉和听觉。那么，天牛幼虫是不是有嗅觉呢？嗅觉一般作为寻找食物的辅助功能，可是天牛幼虫以自己的居所为食，以栖身的木头为生，根本不需要寻找食物，因此它也就不太可能具备嗅觉。最初这些都是我的猜想，当然，后来我通过实验一一证明了这几点。

尽管没有视觉、听觉和嗅觉，不过，天牛幼虫拥有味觉是毫无异议的。它们在橡树内生活3年，除了橡树的树干，没有其他的食物，那么，它们是如何用味觉器官来评判这唯一的食物的滋味呢？它们会觉得新鲜而又多汁的橡树干很美味，干燥而没有任何调味品的树干很乏味吗？无论如何，这是我唯一能想到的天牛幼虫的味觉品评标准。

从实验中我发现，天牛成虫根本不可能利用幼虫所挖掘出的通道从树干逃跑。3年来，幼虫始终在树干中挖掘，它们是根据自己的身体直径进行工作的。由最初进入时像麦秆大小，到变成成虫时长成手指般粗细。因此，幼虫进入的通道和行走的道路，已经不能作为成虫离开的出口了。成虫伸长的触角，修长的足，还有无法折叠的甲壳，在曲折狭窄的通道里会有无法克服的阻碍。对于天牛成虫来说，它们必须先清理过道里的障碍物，还需要大大加宽通道的直径。可是，它们具备这样的能力吗？

我在一段劈成两段的橡树干中，挖凿了一条适合天牛成虫居住的洞穴，然后在每一个洞穴之中，都放入了一只刚刚羽化的天牛成虫。6月一到，我听到了从树干中传来的敲打声。我想它们逃出来肯定不会太辛苦，只需要钻出一个2厘米长的通道就可以逃跑了。可是，最终没有一只天牛成虫跑出来，我将树干剖开，发现它们全都死去了，而洞穴里只有一小撮木屑，这便是它们的全部劳动成果。

天牛成虫虽然拥有像工具般的强劲大颚，但是缺乏工作技巧，因此无法从洞穴里出来。由此我深信，开辟解放之路，还得靠小肠似的天牛幼虫的智慧。

天牛成虫

不知被一种什么样的神秘预感所推动，天牛幼虫离开了自己的家园，离开了无法被攻破的城堡。尽管外面危机四伏，但它们仍然勇敢地冒着生命危险，执着地挖掘通道，直到橡树表层，只留下一层薄薄的阻隔作为窗帘掩护自己。这窗帘就是天牛成虫的出口，它们只需用大颚和触角轻轻挑破这层窗帘，就可以逃生了。有些幼虫则似乎有些冒失，它们甚至捅破窗帘，直接留一个窗口。如果窗口是畅通的，无须再做无用功，就可以从已经打开的窗口逃走，这也是常有的事情。

天牛幼虫对我们有怎样的启示呢？这个小家伙虽说感觉能力差，但是它们的预见能力确实很

名师导读

天牛的幼虫蛀食树干和树枝，影响树木的生长发育，使树势衰弱，导致病菌侵入，也易被风折断，受害严重时整株死亡。天牛主要是木本植物的害虫，有一部分也会危害草本植物，幼虫生活于茎或根内，如菊天牛、瓜藤天牛等。还有少数种类，幼虫不生活在植物组织内，而是在土壤中取食根部，如大牙及曲牙锯天牛、草天牛等。

奇特，引人深思。更准确地说，它们是按照自己的预见来完成工作的。它们这些行为动机从何而来呢？当然不是靠感觉的经验。它们对于外界知之甚少，可是这贫乏却令人拍案叫绝。所有动物，当然也包括人类，不仅仅拥有感觉能力，还拥有某些潜在的生理机能和某些先天具备的启示。

樱桃树上生活着一只小个子天牛，它黑如炭精，这便是栎黑天牛。天牛科昆虫的幼虫期大多都是3年，栎黑天牛的幼虫期也有3年。这株樱桃树的树皮斑驳，看来似乎有些年头。我用平铲将其树皮剥开，发现在树皮下寄居着一群栎黑天牛的幼虫，还伴有一些蛹。

所有的幼虫都寄居在树干和树皮之间。它们在那里挖了一个迷宫，这个迷宫一头连接树木的韧皮部分，另外一头通向树木的边缘表皮。整个迷宫蜿蜒盘绕，蛀痕紧密交织，有的地方窄如里弄，有的地方又豁然开朗。靠啮噬树干维持生计的神天牛幼虫喜欢藏身于树干内部寻找自己的庇护之所，而栎黑天牛幼虫则以树皮为隐蔽，只啮噬树干薄薄的外皮。

天使鱼楔天牛的幼虫居住于树干与树皮之间，它们一般不往外爬而往里钻。在与树表平行、相距不到1毫米的边缘，挖凿一个圆柱形、两头呈半球状的洞穴，这样做完全是为了变态做准备。它们用木质纤维简单地布置了一下洞穴，没有门厅，入口处只有一大团木屑作为壁垒。天使鱼楔天牛的成虫把堵在门口的木屑清除掉，就可以看见薄薄的树皮，接下来只需用大颚把树皮层轻轻地钻开就行。天使鱼楔天牛和以樱桃树为食的栎黑天牛同树而居，它们善于模仿栎黑天牛的生活习性，在此我又看到了同样的现象，两种昆虫拥有相同的挖掘工具，却以不同的工作方式进行工作。

天使鱼楔天牛在樱桃树中生活，轧花天牛则生活在黑杨树上。虽说两者具有同样的身体结构组织和挖掘工具，但是它们却属于不同种的昆虫。这是我在其他天牛那里找到的一些证据。轧花天牛以杨树为食，它们的生活方式与喜食橡树的神天牛有些相似。它们居住在树干内部，蛹期快要来临时，在距离树心约20厘米的地方挖一个洞穴，洞穴没有经过特殊布置，防御敌害的手段也就是一条长细木屑。临近蛹期时，它们还需要向外挖掘一条长廊，长廊的出口畅通无阻，找些尚未凿开的树皮作为遮挡，然后重新返回用木屑作为壁垒将通道堵住。一旦它们需要从树干中逃走，只需要用足轻轻推开木屑，通道就在它们面前畅通无阻了。

松树桩天牛喜欢居住在老的树桩内，就像它们的名字一样。它们的幼虫修建的通道，出口向外敞开着。在大约两个拇指深的地方，幼虫用一个大团粗木屑做的长塞子把通道堵住。接下去是蛹的卧室，它们内部用木质纤维绒装饰过，呈圆柱形，扁平状。再往下就是幼虫制造的迷宫，消化过的木屑已经把这迷宫密密地阻塞了。出口有的在树桩的横截面，有的在树桩侧面。倘若出口在树桩的横截面，通道就一直延伸到横截面；倘若出口在树桩的侧面，起先通道与树轴是平行的，随后幼虫就细心地将通道弯成肘形，并以最短的距离通到外面。

思考·感悟

1.天牛幼虫把什么当作食物?

2.文中一共提到了几种天牛，它们分别居住在哪种树上?

吉丁：热衷于啃树的虫子

青铜吉丁是吉丁科昆虫的一种，它们栖居在黑杨树上，它们的幼虫钻入树干内部取食。为了化蛹，幼虫在靠近树表的地方，建起了一个椭圆形的扁平居室。卧室前方伸向一个弯曲度不大的门厅，门厅的尽头有一层不到1毫米厚且完整无缺的树皮，此外没有设置壁垒，没有堆放木屑，也没有其他任何防御措施。卧室后面则是一条已经塞满木屑的长廊，一旦想要出去，吉丁成虫只需戳穿薄薄的无足轻重的木层，然后咬破树皮就可以来到阳光下。同天牛科昆虫一样，吉丁科昆虫都非常热衷于啮噬、破坏树木，无论是健康的好树还是病树残枝都无一幸免。

八点吉丁喜欢居住在户外的老松树桩里。这些老松树桩外表虽然十分坚硬，中间却非常柔软，像火绒一般松散。八点吉丁喜欢这柔软的、散发着浓郁树脂香味的生活环境，因此在这里安居立业。为了完成变态，幼虫离开了中间的肥美之地，钻凿入坚硬的木层之中，挖掘了一个橄榄形略带扁平的洞穴，洞穴长为25～30毫米，且长轴与地面垂直。一条宽敞的通道一直延伸到居室，通道笔直或略微弯曲，这是由通道出口的位置不同造成的。

吉丁

它们的通道出口有的设在树桩的横截面上，有的处于树桩的一侧，而且几乎所有的通道都是畅通无阻的，连用于逃生的通道窗口都是对外开放的。

名师导读

吉丁虫是一种极为美丽的甲虫，一般体表具有多种色彩的金属光泽，大多色彩绚丽异常，似娇艳迷人的淑女，也被人喻为“彩虹的眼睛”。

吉丁成虫的飞翔能力极强，既飞得高又飞得远，不易捕捉；但当它们栖息在树干上时，却很少爬动，行动迟缓。

吉丁成虫的大小、形状因种类而异，小的不足1厘米，大的超过8厘米，头较小，触角和足都很短。幼虫体长而扁，乳白色，大多蛀食枝干皮层，被害处有流胶，严重时能使树皮爆裂，故名“爆皮虫”。

幼虫用咬得很细的木屑粉来堵住通道的出口。在通道底部，一层木屑糊将幼虫蛀的扁平长廊和卧室分隔开来。通过放大镜我还观察到，它们卧室的四壁还挂有一张很细的木质纤维制成的绒毯。啃噬橡树的神天牛已经为我们展示过这种以木质纤维为内衬的装饰方法，我认为在木栖昆虫中，无论是吉丁科昆虫还是天牛科昆虫，这种情况都是很常见的。

九点吉丁所选的生活场所是杏树。九点吉丁幼虫胸部较宽，其他部位很窄小，看上去像一条带子。在杏树树干内部，它们的幼虫开凿了一条非常扁平的长廊，这条长廊一般与树轴平行。接着，幼虫突然改变通道的方向，使它们在距离表层三四厘米的地方，弯曲成肘形并通向树表。它们在身体的前方开凿出一条笔直的通道，不是像以前那样弯曲不规则地前行，而是通过最短的路线前行。

吉丁成虫身体呈圆柱形，因为身上的甲壳无法折叠，因此它们需要一个像其身体形状一样的通道。而幼虫需要的是非常扁平的通道，这个通道顶部还必须使得幼虫背部得以借力，于是幼虫才改变当初的工作蓝图，按照新的要求来开凿通道。往日，幼虫开凿的通道，简直像一条裂缝，狭长且高度很低，只适合它们在树干深处漂泊不定的流浪生活。今天，重新改建后笔直的圆柱形通道，就算是打孔机也没有达到这样的精准程度。圆柱形的垂直通道与水平通道之间，很多时候是用一个半径很大的圆弧连接起来，能让有坚硬甲壳保护的吉丁成虫畅通无阻地通过。

它们的通道出口是沿直线以最短的距离穿透表皮纤维。通道的尽头是一条死胡同，离树皮不到2毫米，穿透这层完整的树板和外面树皮的工作就交由成虫来完成。当一切准备工作完成之后，幼虫就按原路返回，用咬下来的细木屑加固通道尽头的木窗帘。它们回到圆柱形长廊的尽头，并在沿途用细木屑把通道完全堵住。在那里，它们无须再精心布置自己的卧室，头朝向出口，倒地而卧就行。

通过上述例子，我总结出一个普遍的道理：天牛科和吉丁科这些木栖昆虫的幼虫，为成虫修建逃出升天的路，而成虫只需要钻开薄薄的木层或树皮，或者清除木屑所建成的屏障，就可以重见天日。成虫与幼虫完全是颠倒的，有悖伦常。幼虫身强体健，且拥有强大的挖掘工具，承担了繁重的劳动任务。成虫不想工作，贪图安逸，不懂技艺。幼虫用自己强壮的大颚辛苦地挖掘着通道的洞穴，为成虫避免了敌害的攻击，并使它们不费吹灰之力就可以穿透挡板，引导它们来到充满欢乐的阳光下。孩子本应该得到母亲温柔地呵护，过着天堂一般的生活，谁知却成了母亲的监护人。

思考·感悟

1.八点吉丁喜欢居住在什么地方?

2.对于吉丁成虫不想工作、贪图安逸的习性，你有什么看法?

负葬甲：敬业的入殓师

对于动物界的某些成员来说，4月的柔和春风中，到处弥漫着危险和血腥。刚刚换上绿色珍珠衣服的蜥蜴，被不懂事的顽皮鬼们用石头砸死；春耕的农民愤怒地用铁锹剖开鼹鼠的肚子，将尸体扔到路边；无毒蛇在踏青时意外身亡，被“正义的”过路人用脚后跟踩死；一阵大风刮过，还没长出羽毛的小鸟狠狠地摔到了地上。

这些生命等不到夏日炎热的阳光了，它们变成了等待腐烂的尸体，人见人嫌。不过，这些尸体不会烦恼人们多久，因为一支庞大的尸体清理队伍正在赶来。

蚂蚁作为先头部队第一个赶到，它们迫不及待地奔向尸体，将尸体分割成碎片。随后，长着深暗色宽大鞘翅的葬尸甲、腹部涂抹得雪白的皮蠹、碎步小跑且鞘翅发光的腐阎虫、细瘦的隐翅虫等，成群结队地匆忙赶来，似乎是约定好了一样。

这些狂热奔忙的虫子在执行大自然的法则：一切生命向自然索取，最终也都要回归自然。它们正在开发死亡，用来滋养生命。它们是自然的净化系统，将肮脏可恶的腐烂物变成生命的燃料。它们乐不可支地对尸体进行加工，耐心地利用尸体的每一根骨头、每一条韧带、每一点皮毛，一点点地汲干尸体的液汁，直到尸体干得酥脆作响。这些环境的净化者、大自然的执法者疯狂地劳动着，直到所有生命的残渣都回归到生命的另一种循环。

春耕的这些受害者们，田鼠、鼩鼱、鼹鼠、蜥蜴、癞蛤蟆，它们的尸体被葬尸甲、皮蠹和其他昆虫大吃特吃，然而在这腐臭的野味欢宴中，有一位赴宴者吃得很少很少。它身穿一袭米黄色法兰绒衣，鞘翅上佩带着齿形边饰的朱红色腰带，触角顶挂着红色绒球，浑身散发着麝香气味。它就是最享誉盛名、最刚健有力的土地维护者，负葬甲。尽管负葬甲拥有锋利的大颚，却不像其他食客那样将尸体的肉撕咬下来。准确地说，它是一位大自然殡仪馆工作人员，是掘墓者，是葬尸者，它那身庄重的衣服是葬礼的着装，是它对逝去的生命的哀悼，是它对自己崇高职务的尊重。

这位葬尸者将残骸就地掩埋在地窖里，待它在地窖中烘熟了之后，便成了它的幼虫的家产。它埋葬尸体是为了家庭，为了安顿好孩子。而在这个过程中，它只是为了维持体力，才汲几口野味的血浆。

其他昆虫在享用完野味之后，心满意足地撤退，留下被掏空

名师导读

负葬甲会将动物尸体埋入地下，并在上面产卵。幼虫孵化后以腐肉为食，在雌雄成虫的精心照料下长大。负葬甲除了是为数不多的"哺育"幼体的昆虫，还能根据食物的多少调整幼虫数目——杀死较弱的幼体，以保证最多数幼体成活。两只负葬甲虫，只需几个小时就能将一只小鸟或老鼠的整个尸体掩埋起来。

的尸体，任生命的残骸承受风吹雨打、饱受苦难；而负葬甲这位有家庭责任感的掘墓者，则处理尸体，将其掩埋。它平时动作迟钝，在将尸体埋入地窖时，却手脚麻利，动作迅速。在几个小时之内，一具相当大的鼹鼠尸体，就被它整个儿掩埋在地下。原来散发着尸臭的地方，一下子就被腾空，整理得干干净净，似乎这里从来没有发生过死亡和昆虫的食腐欢宴。唯一与之前不同的是，这里留下了一个被沙土覆盖的鼹鼠丘，这是亡者的墓碑，也是葬尸者的劳动纪念碑。

这位收殓葬尸工使用的方法简单快捷，是田野清洁队伍中的佼佼者。在深入研究这种虫子之前，让我先谈一谈负葬甲的正常劳动环境条件吧。如果要评选一位田野卫生队伍中的先进员工，负葬甲一定当选。它不但工作效率高，更难能可贵的是，它对于大自然安排的工作从不挑挑拣拣、敷衍了事，它用一种近乎狂热的执着对待每次任务，大自然给它安排什么，它就接受什么。

在负葬甲遇到的尸体中，有小一点的，比如鼩鼱；有中号的，比如田鼠；也有大的，比如鼹鼠。这些动物的残骸比它的体型都大出许多，埋葬工作所需的力量也远远超过了一只负葬甲所能承受的负担。因而，运输是不可行的，负葬甲只能将尸体就地掩埋。

埋葬地点是不可选择的，而且变化无常。这一次幸运些，尸体躺在疏松的沙土上；下一次可能会异常艰难，碰到了布满鹅卵石的埋葬地。有时，挖掘地点在一片光秃秃的土地上；有时，挖掘地点在一片盘根错节的杂草中；甚至，有时会在布满荆棘的地方，刚刚被剖开肚膛的鼹鼠被农民用铁锹随便那么一扔，扔到了荆棘的托架上，离地面还有距离。

这些变化无常的地点给埋葬工作带来的困难也是多种多样，如果负葬甲采用一成不变的方式方法来对待这些难以预料的困难，那么它也就无法成为称职的掘墓者了。它受偶然的条件所支配，在它那微小的辨别能力范围之中选择不同的策略。扫清、锯开、砸烂、震动、升起、移动，这些都是负葬甲的绝技。

我将负葬甲安置在瓦钵的金属钟形罩中，并在瓦钵中装满了压紧的新鲜沙土，一直溢到瓦钵的边沿。为了保证实验顺利进行，防止受野味吸引的馋嘴的猫来捣乱，我将笼子放在一个封闭的玻璃房里。

让我们先说说负葬甲的食物问题。它在这方面毫不挑剔，对于任何散发着腐臭味道的尸体都欣然接受。两栖动物挺好，爬行动物也不错；长羽毛的动物可以，穿皮毛的动物也行。一次，我将一只红色的鱼放进笼子里。这是一只中国的金鱼，是负葬甲从未遇到过的。但是，这些开明的掘墓者很快将其判定为好东西，用和埋鼹鼠一样的方法将其掩埋了。牛排骨、羊肋条在腐烂变臭时，也成为它们的新品菜肴，被迅速地埋到地窖里。

现在，让我们来看看负葬甲是怎么工作的。一只死鼹鼠躺在荒石园的中央，我为这些掘墓工选择的工作地点，土质疏松，易于挖掘。四只负葬甲，一雌三雄，已经赶到了施工现场。它们钻到鼹鼠尸体下使劲地摇动，那只失去生命的死鼹鼠仿佛复活了一般。

等了很久，有一位挖掘工，几乎总是同一只雄虫，它从鼹鼠的尸体下面爬出来，围着尸体转圈，它对施工对象进行了一番仔细的勘探。然后，它又急急忙忙地钻回死鼹鼠身下，接着又爬出来探测新的情况，然后再次钻回去。随后，这只死鼹鼠恢复了摆动，而且动个不停。与此同时，它周围的沙土被压紧，形成一个环形软垫。鼹鼠身下的泥土被破坏，它已经失去了支撑物，加上四位掘墓工的大力摇动和鼹鼠自身的重量，这具残骸陷入了地下。

这四位掘墓工此时还在地下进行着推土工作，不见踪影。不过它们没有休息，而是推动着那堆堆成环形的被压紧的沙土。沙土很快被推入坑中，将尸体掩埋起来。这具尸体就像是陷入沼泽一般，自动被吞没了。在我们看不到的沙土里，它将一直下降，直到埋葬工认为深度已经足够为止。掘墓者一边挖洞，一边摇动和拖拽尸体。随着洞穴的不断加深，即使四位掘墓工停止摇动，墓穴也会由于沙土的震动、崩塌而自动填平。

负葬甲所使用的方法和工具都十分简单。它们的爪端有锋利的铲子，帮助它们迅速地挖好墓穴；它们背部强壮有力，能够让沙土产生轻微的震动。这些工具就足够了。不过，它们还需要一项必不可少的技能，那就是它们必须频繁地摇动来埋葬对象。这种摇动的目的是将尸体的体积压缩得更小，以减少它们下降时所受的阻碍。

最后，在这具尸体旁边，只剩下了两只负葬甲，一雄一雌，它们是一对夫妇，在那里看守和加工尸体。那其他两只雄虫呢？我看到它们已经到了地窖的顶端，在接近地面的地方休息。我曾多次观察到一群负葬甲协力合作，在将尸体顺利地入殓入仓之后，只有一对负葬甲夫妇留在了地窖里，其他的则爬上地面。在地面上的这些多数是雄虫，每一只都身怀绝技，干劲十足。

负葬甲的族群中，所有的父亲都尽心尽力地干活，不论是为了帮助别人，还是为了自己，它们都不遗余力。每当一对负葬甲

夫妇陷入劳动量超负荷的困难中，这些热心的帮手就会循着猎物的气味赶来，和猎物的所有者一起，挖坑、摇动、探测、掩埋，直至任务完成。

思考·感悟

1.为什么负葬甲被称为“敬业的入殓师”？

2.请简单描述负葬甲是怎么工作的?

黑步甲：爱装死的刽子手

步甲长得很漂亮，这点毋庸置疑。它们有着纤细的身材，是我所收集的昆虫中最为耀眼的。有的步甲身着金色的华美外套，还有的步甲拥有一件黑色外衣，而且有紫晶光泽的折边修饰。

黑步甲是非常残忍的刽子手。它们的头很大，胸廓长得很像心脏。由于腰间部位非常紧缩，因此整个身体看上去就像被分成了两个部分。也正是由于这种紧缩，使得它们的胸部后面的部分看起来好像快要开裂似的。黑步甲用以对猎物发起攻击的工具就是它们那双尖利的螯，除了鹿角锹甲，基本上没有哪一种昆虫的大颚能够与这双螯相比。

爱装死的黑布甲

黑步甲绝对是皮麦里虫的天敌，每当遇到这位金牌杀手的时候，皮麦里虫无一例外地都要被黑步甲残酷地剖腹。黑步甲对自己拥有力量的多寡非常清楚，每次我对在桌子上爬行的它们进行骚扰时，它们总会把身子向前面的短小爪子弯去，摆成弓形，俨然一副防御的样子。它们把那双螯张得大大的，让人看着就害怕，我的手指还没有碰到它们，它们就已经向我发起了进攻。

名师导读

黑步甲是一种比较强悍的步甲，他的力气很大，是天生的打架高手，它身长35毫米，称得上是昆虫界的小巨人。黑步甲是标准的肉食性昆虫，脾气非常粗暴。不过，粗暴强悍的步甲，却有一个不为人知的秘密，那就是打不过对方的时候，会蜷缩在地面上或桌凳底下装死，装死时间长达20余分钟，足够它躲过死亡的灾难，所以黑步甲又叫装死专家。

在塞特的海滩上，我曾经与一群黑步甲度过了一个快乐的清晨，现在一个朋友又特地从那个海滩上带了一打黑步甲给我，同时送来的还有一些皮麦里虫。它们通通被黑步甲下了毒手，不仅肚子被剖开了，而且整个身体内部都已经被黑步甲掏空。看来在途中时，黑步甲就已经把同行的皮麦里虫当成了瓮中之鳖，尽情地享用了一路的美食。虽然说皮麦里虫有一副由粘连在一起的鞘翅组成的盔甲，但是这样的防御武器在遇到黑步甲时根本起不了什么作用。

我用两种器皿安置着这些步甲，它们分别被放在铺有沙土的金钟形网罩和短颈大口瓶中。在沙土上的它们一经安顿好就立刻埋头苦干了起来，每只虫子都在挖着自己的那个洞穴。黑步甲们先是用力将自己的头部弯下去，这样它们的大颚就能聚拢在一起了，能够像铁镐一样大力地将沙土挖开。然后它们再用前爪上面的钩把挖出来的泥屑聚集到一起，最后再把这堆泥屑推到外面去。随着洞穴挖掘工作的深入，通过一道缓坡的延伸，洞穴与短颈大口瓶的底部就连接在了一起。

在完成了洞穴深度的挖掘后，黑步甲开始了对洞穴宽度的开发。这个洞穴的宽度最终需要达到3分米。当黑步甲觉得这个宽度已经差不多了的时候，它们就会对洞穴的入口处进行细致入微的

再加工。最终这里会变成一个倾斜度不断变化的深坑，像一个漏斗的形状。在进口处我们看不到丝毫的泥屑，而且整个斜坡都保持得很干净，特别是斜坡的下面，那是一个地道的前厅，非常平坦，这个前厅就是黑步甲等待抓捕猎物的隐秘之地。在等待的时间里它们总是让钳子呈半张开的状态，保持静止不动，伺机行动。

我给等待猎物到来的黑步甲准备了一道美食，它是一只蝉。我把蝉放在了黑步甲的洞口处，黑步甲摇动着自己的触须，非常谨慎地爬到了斜坡的上半部分。快要到达洞口的黑步甲探着头看到这只蝉，突然从坑里面跳了起来，纵身一跃扑了上去。由于这条通道呈漏斗形状，因此非常便于把大个儿的猎物拖进去。

黑步甲不停地把蝉往洞中拉扯，蝉的头部向下，整个身体都陷在了深深的洞穴中。最终这只蝉被黑步甲拖到了一条地道之中，地道呈扁扁的圆形状，非常狭窄。这就是黑步甲对蝉进行肢解的地方。等到这只蝉被黑步甲折磨到完全不能动的时候，黑步甲就会回到堆放猎物尸体的地方。为了安心地吃下这只蝉，黑步甲将洞穴的入口处挡了起来，这个洞口直到黑步甲肚子里的蝉全部消化完毕后才会被再次打开。

我很容易就能够让黑步甲从生机勃勃的状态转至无精打采，我的方式是把它夹在手指间不停地转动，或者将它悬空，当然不能过高，然后再让它呈自由落体式掉落在桌面上，这样重复两三回。黑步甲的身体一再地受到震动之后，它就会肚子朝天，瘫在桌上，一副已经死去的样子：触角交叉着成十字形状，爪子贴在肚子上合拢着，钳子一般的大颚也张开了。

这只小虫子就是我所要探究的有关昆虫装死现象的第一个对象。在试验的过程中，我始终用表来把握时间，因为昆虫每次装死的持续时间都不一样，哪怕是在同一天，相同的气候条件下，也会表现出很大的差异。我唯一能做的就是将观测的结果记录下来，因为其中的缘由我也未曾知晓。也许是受到外界某些因素的干扰，抑或是来自小虫子内心的想法。

黑步甲假死的表现令人惊叹，无论是触角还是触须，抑或是它的跗骨，身上的所有部位都看不出一点动静。黑步甲维持假死状态的平均时间是20分钟。它保持着这种毫无生机的状态有时可长达50分钟，甚至超出1个小时。在黑步甲装死的过程中，苍蝇是最能干扰它行为的可恶家伙。倘若想要整个实验的过程不受侵扰，就需要用一个玻璃罩似的容器将这只小昆虫盖住。

终于，黑步甲的触角和触须都开始动了，复活的时刻到了。在前爪跗骨微颤之后，它的爪子也开始在空中摇摆。黑步甲让自己的背部和头部作为支撑它身体的架子，逐渐挣扎地将整个身体翻了过来，然后就迅速地逃跑。我对这只黑步甲连续进行了5次假死试验，这只黑步甲从第一次装死到第五次装死，持续时间分别是17分钟、20分钟、25分钟、30分钟及50分钟。显然，它装死的时间越来越长。这也许是为了耗费试验者的耐心和体力吧。因为只有把比它强壮的敌人的精力耗费干净，黑步甲才能够最终成功地逃走。

黑步甲在受到威胁时的表现就是装死。但是如果威胁持续的时间过长，也就是说，假如来自外界的挑弄持续地进行，那么黑步甲就会毫不犹豫地拔腿就跑。多种实验向我们表明，黑步甲根本不会耍什么阴谋诡计，其装死完全是自然现象，即在遇到外界碰触时身体内产生的一种酥麻现象。黑布甲的神经系统非常娇弱，哪怕是一丁点儿的碰触都会使它陷入昏迷，同样，一丁点儿的碰触也能让它再次苏醒。

思考·感悟

1.黑步甲是哪种昆虫的天敌？它是怎么对付这种昆虫的？

2.黑步甲装死的真相是什么？

金步甲：贪吃的家伙

动笔写这部分时，芝加哥的屠宰场浮现在我的脑海里。那些可怕的肉类加工厂，每年都有108万头牛、175万头猪在那儿被宰杀。牛和猪活生生地被送入机器，从另一头出来时，它们已被变成了肉罐头、猪油、香肠、火腿卷。之所以想到这些，是因为我接下来要描述的一种昆虫——金步甲，将要向我们展示它们是如何像机器一般迅速敏捷地进行屠宰的。

我在一个大玻璃钟形罩里养了25只金步甲。它们躺在我提供给它们做屋顶的那块木板底下，肚子埋在潮湿的沙土里，一动不动地边打瞌睡，边消化食物。

我偶然发现了一大串松毛虫，当时它们正从树上下来四处寻找适合的藏身处，为在地下做茧做准备。我想，正好把这群毛虫交给金步甲去屠宰。于是，我把毛虫收集到钟形罩里，大约有150条，它们很快就排成一串，向前涌动着，一个挨着一个地爬到了木板的尽头，像是芝加哥屠宰场的猪。我打开盖着的木板，下面的金步甲闻到了在身边行进的猎物的气味，立即醒了过来。全体金步甲都兴奋起来了，一齐向路过的猎物奔涌而去。

松毛虫那毛茸茸的皮肤很快就被刽子手们撕裂了，内脏流了出来。毛虫们抽搐着，挣扎着，

名师导读

毫无疑问，金步甲是松毛虫的天敌，在金步甲看来，松毛虫就等同于美味，无论数量多少，它们都乐于接受，甚至连松毛虫的毛也不会降低它们的兴趣。

不过，金步甲对食物也并不是没有要求的，那就是食物的个头不能太大，也不能太小，最好能与自己的个头相对称。太小的，填不饱肚子，太大的得费去不少心思。

金步甲还是一个“欺软怕硬”的家伙，唯有在捕食比自己弱小的幼虫时，它们才有可能占据上风，由于不会攀岩，不会爬树，只会在地面上捕食，它们就明显地失去了原本应有的优势。

肛门间歇性地一开一合。未受伤害的毛虫也不顾一切地挖着土，想躲到地下去，但没有一个成功，它们半截身子刚刚钻到地下，就被揪了出来。金步甲又拽又撕，抢到一块肉就避开贪吃的同伴，到一旁独自享用。刚吞下一块，又立刻再去撕一块，只要还有被剖了腹的尸体，它们就不停地吃着。在短短几分钟之内，那群毛虫就被吃得只剩下些零碎的残骸了。

吃蛞蝓是金步甲的另一种爱好，它们不管什么品种的蛞蝓都吃，甚至连神采丰满的带棕色斑点的灰色蛞蝓也乐意接受。在蛞蝓的背部，有一层内壳保护的部位，它们如同一个珍珠层盖在蛞蝓心脏和肺的位置上。这个地方最令金步甲馋涎欲滴，因为那里富含美味的矿物质。除了蛞蝓，金步甲还特别喜欢吃蚯蚓。

我为它们准备了一条粗壮的蚯蚓，当它们发现猎物时，便迅速将这条环节动物包围在中间，6只金步甲一哄而上。面对杀戮，蚯蚓所能采取的措施只有扭动身体，前进，后退，屈体，把身体盘起来。捕食者们紧紧地抓住它不放，轮番向它发起进攻。蚯蚓不停地滚动，有时钻到沙土里，一会儿又重新出现；有时保持着正常的体位，有时肚子朝天，但是就算用尽浑身解数，蚯蚓也不可能削弱金步甲的斗志。只要咬住了猎物，金步甲就绝对不会松口，战斗结束，蚯蚓那层坚硬的皮被捕猎者撕裂，带着血的内脏流了一地。没费多长时间，那个体格粗壮的环节动物就成了一摊残渣，惨不忍睹。

我费尽心思，尽量为我的这些伙伴们变换食谱。在我的面前，花金龟与金步甲和平相处了两个礼拜，双方井水不犯河水，谁都不敢粗暴地对待对方。从花金龟身边走过时，金步甲连看都没看它一眼。对这种猎物，金步甲是没有兴趣，还是觉得自己的力量还不足以对付它们呢？让我们往下看。

当我把花金龟的鞘翅和后翅摘除之后，金步甲纷至沓来，迫不及待地将它们开膛破肚。看来金步甲一开始不愿意碰这些猎物，是因为紧闭的鞘翅护甲令食肉的金步甲感到畏惧，这让它们成了循规蹈矩的昆虫。在用黑叶甲做完实验后，我得到了同样的结果。

在玻璃罩里，金步甲常常与黑叶甲擦身而过，并没有对黑叶甲产生非分之想。不过，只要黑叶甲的鞘翅被我摘掉，金步甲就会很快将它们吞入肚子。黑叶甲的幼虫也是金步甲的佳肴。当它们发现这些铜黑色的猎物后，会毫不犹豫地扑上去撕咬，开膛剖腹后吞进肚里。它们对这种铜色小肉球趋之若鹜，我给它们多少，它们就吃掉多少。

金步甲是杀灭幼虫和蛞蝓的斗士，这个魔鬼能把比自己弱小的猎物残忍地吞食掉，而自己也会变成别人的盘中餐。那么它们会被谁吃掉呢？除了狐狸和癞蛤蟆偶尔会以金步甲为食，它们还会被自己的同类吃掉。

有一次，我捉到了一只鞘翅末端有些微损伤的金步甲，并把它放进了那座圈养着25只金步甲的玻璃屋里。次日我去看望新来的寄宿者时，它已经死了。那天晚上，它的同伴们对它发起了攻击。足、头、前胸全都完好地留在那里，没有支离破碎的痕迹，只有肚皮裂了一个大口，内脏被从那里拉出来。由于鞘翅有个缺口没有能够很好地保护它，它被掏空了肚子。

这样的结果让我大吃一惊。我的金步甲们居然把一位鞘翅受伤、抵抗力弱的同胞给吃了，总不能说是因为肚子饿了吧。要知道，钟形罩里从来都不缺少食物。它们是不是有终结受伤者的生命，看到尸体即将变质，就将其腹中内脏掏空的习惯呢？昆虫不知道什么叫作怜悯，当它们见到一个垂死挣扎的伤残者时，谁都不会停下来试图去帮助自己的同类。

那么，假设那只金步甲没有受伤，它们之间会和平共处吗？

从以前的种种迹象来看，我的金步甲之间相处得很不错，一起进食的金步甲也从没有打过架，最多也就是从别人嘴上抢抢食物而已。但是，6月的一天，我发现一只金步甲死了。这只金步甲被它的同类掏空时是很健康的。我细心地检查了一下那具残骸，发现除了肚皮上有个大口子，其他地方并没有遭到破坏。是幸存者在瓜分那些老死的金步甲的尸体，还是它们靠牺牲依旧还活着的同伴的生命来达到减少数目的目的呢？要把事情查个水落石出不是件容易的事，因为这种事情主要发生在晚上。

依靠警觉，我终于在大白天撞见了解剖的过程。6月中旬，我看到雄金步甲虫被一只雌虫从背后给咬住，而它除了企图挣脱，只是任凭雌虫摆布，没有做出任何回击，最后，它的皮肤被撕裂了，口子越开越大，内脏被拉出来，被那个妇人吞进了肚里。这个凶残的女人还把头埋在它的腹腔里，把它掏得只剩下一个空壳。可怜的遇难者双足一颤，表明它的生命已经完结。

那些金步甲就是这样死去的，死的总是雄性。从6月中旬到8月初，最初的25只金步甲锐减到只剩下5只雌虫，20只雄虫全部都死了。

杀手是谁？看来是雌金步甲。虽然我没能目睹这些杀戮，却能拿出非常有力的证据。就如刚才所见，被抓住的那只金步甲既不自卫，也没有反抗，它只不过是拼命想挣脱出来逃走，似乎有一种不可抑制的厌恶感在阻止着它的反抗。

这种宽容与朗格多克雄蝎子多么相似。当婚礼结束后，它任由自己被新娘咬死，也不使用那自卫式的武器毒针去伤害对方。它还让我想到了刚刚当上新郎的雄螳螂，它们有的已经被咬得只剩下半截身子，还是听任自己被一点一点地吃掉，不做任何反抗。这就是它们的婚俗，雄性对此无能为力。我的金步甲园里的雄虫展示出来的是同一种习俗，一旦满足了妻子交配的需求，雄虫就将成为牺牲品。

10月份时，气温开始下降，4只雌金步甲死了，是正常的自然死亡，而活着的那只雌金步甲对此丝毫不理会，它甚至懒得吃它们。它的胃是为活活被剖腹的雄性而专门准备的。它在玻璃罩里蜷缩着身子，努力地想钻进贫瘠的泥土深处。当11月来临，它就在洞穴深处冬眠，在这里度过冬天，到来年春天再产卵。

思考·感悟

1.都有哪些食物是金步甲喜欢吃的?

2.什么原因会导致金步甲对同类下手?

锯角叶甲：自己做衣服的虫子

衣服无论对人来说还是对于其他动物来说都必不可少，然而绝大多数动物都无须为自己的穿衣而费心，它们的皮毛与生俱来。如果想要找到一些例外的话，那就得去昆虫界寻找了。在昆虫领域，发明衣服的首先要属叶甲，它们的服装是用粪便做成的。

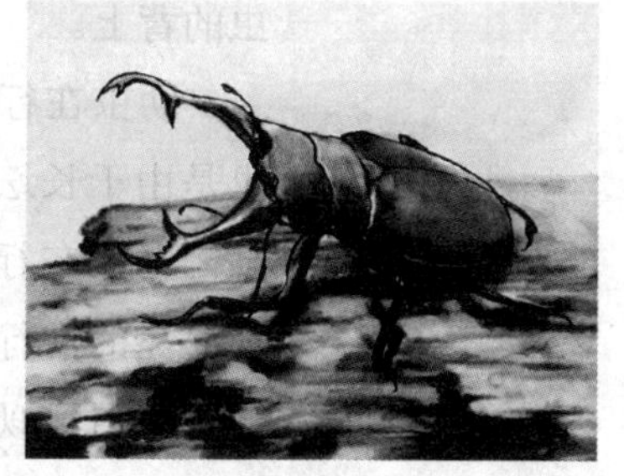

锯角叶甲

叶甲属于鞘翅目昆虫，它们的体型非常优美，色泽也很光亮。幼虫刚出生时全身裸露，没有一处被包裹的地方，不过很快它们就会为自己编织住所了。这种住所类似于蜗牛的壳，是一种长坛子，既是衣服也是房子。幼虫在坛子造好之后会让自己躲进去，不会轻易出来。假如遇到让它们惶恐的事情，它们就会把身子突然向后缩，整个身体都缩进坛子，然后再把自己平扁的头部当作坛子的封口。等到它们认为危险过去了，才会让自己的头部还有长着爪子的三个体节伸到坛子外面。幼虫身体的主干部分比较脆弱，所以它们绝不会让这部分外露。

这个坛子采用双耳尖底瓮的形式，看起来非常漂亮。当然，除了光鲜的外表，坛子本身的质量也经得起考验，用手指去按压也没问题。坛子制作得细致精美，外表层为土灰色，有着对称的脉络，内里的光滑程度可与皮毛相媲美。坛子的底部有点圆，这是因为幼虫身子后面的部位稍微有些膨胀。此外，底部还有着装饰性的小花纹，呈双重凸状。锯角叶甲的前段身体细小，这样一来，它们行走时坛子才能够抬高，从而支撑在幼虫的背上。

幼虫在行走的时候非常缓慢，小步前行，这也是由于长坛子负重造成的。而且坛子的重心很高，幼虫在行走时很容易翻倒。不过幼虫这种摇摇晃晃的前行方式看上去还比较优雅，就像斜戴着一顶帽子似的。

坛子很结实，在遭受雨水侵蚀的时候不会变得柔软，更加不会四分五裂。它在受烈火炙烤的时候也不容易变形，只是会褪去褐色，转而呈现出含铁的泥土焙烧后的色彩。显然，坛子的材料是矿物性的，但是究竟是什么样的黏合剂使土质成分变成褐色，使它黏合呢？

为了解除这些疑惑，我们需要长时间地观察幼虫，因为幼虫胆子很小，外界有什么动静它都会把自己缩到坛子里面，很长一段时间内没有动

名师导读

叶甲科昆虫种类丰富，广布于各种自然环境中。中国科学院青藏高原科学考察队曾在西藏日土县海拔5300米的荒漠草原采集到超高萤叶甲和条翅萤叶甲日土亚种，在普兰朗玛拉巴海拔5400米处采到普兰蚤跳甲，这是叶甲科昆虫分布最高的海拔记录。

静，所以这项工作极需要耐心。有一次我在等待幼虫从坛子中露出来的时候，突然看见它在干活。幼虫从坛子里出来时，载着一个褐色的线球。它将这个线球与一些泥土混合，并且揉捏线球，直至均匀。之后它会非常娴熟地把揉匀的泥土和线球混合物铺在坛子的边缘上磨平，使之呈薄薄的片状。

幼虫只用自己的触须和大颚进行劳动，它的劳动工具几乎融合了泥刀、揉合器、碾压机及小桶等器具的作用。等到完成了第一回合的工作后，幼虫会再一次地后退，然后开始第二个回合的劳作。这样的重复工作会进行差不多五六次，整个坛子的口径旁边就会出现一个卷边。

这个卷边是由两种物质揉捏而成的，就是我们刚才提到的泥土和线球。泥土的来源很清楚，是在坛子的周边找来的，具有偶然性，是黏土的可能性很大。但是，那个线球又是什么东西呢？我看到幼虫是从坛子的底部将线球抬出来的，因为它每次由退缩而再次露面时，它的大颚上面都有着这样的褐色线球。

可以确定的是坛子的后方非常严实，没有一丝漏风的地方。这样一来，幼虫排泄出的粪便就没有流到外界的可能性，排泄物都留在了坛子的底部，而幼虫每次所抬着的线球正是它自己的粪便。

幼虫将粪便涂在坛子的内部，这样既可以加固坛子，也可以为内壁增添一层光滑的表皮。等到幼虫的身体慢慢地变大时，它就会根据自己身体的尺寸来将外衣扩大。如何做呢？这就要用到黏合剂了。幼虫会把坛子内部清扫干净，然后掉转身体，用大颚尖的末端逐个儿地收集线球，再掺和上一些泥土，这样，优良的陶瓷黏土就做成了。

锯角叶甲的本事很高超，它们可以把衣服内里的那一层移动到外部。在幼虫的身体长大了之后，它们就将内里刮下来，然后用黏合剂把这些刮下来的材料重新在外部黏合起来，这样就在外层形成了新的表壁。如此一来，里面的空间就变大了，而且锯角叶甲幼虫的背部十分柔软，它们很轻易地就可以将身体伸向外壳的尾部。这种扩大房屋的过程是逐步进行的，步调周密而且协调，所有材料都得以回收利用，没有任何浪费的行为。旧材料会作为拱顶石一般的部分修入新房子的顶部，而且锯角叶甲还为那一卷装饰性的绲边事先留好了空间。

锯角叶甲的坛子制作的精致程度已经毫无疑问，但我仍旧存有疑惑：在最初坛子没有任何雏形的时候，幼虫是怎样将模型打造出来的呢？难道一只小小的锯甲幼虫可以在没有任何指导的情况下就能够自己将模型做成吗？也许幼虫的母亲会遗传特殊的技艺给它们，所以我觉得观察刚出生幼虫的行为是很有必要的。

现在我想来观察一下这些锯角叶甲的卵。刚开始看到这些卵时，我真怀疑它们只是一束隐花植物的胚芽，后来我才相信这确实是塔克西锯角叶甲的卵，因为我亲眼看到叶甲妈妈用后爪从输卵管中把这些奇形怪状的卵拿了出来。

每只卵都由一根细丝来固定，这根细丝的长度要比卵的长度稍微多出一点，缠好之后会形成一个翻转的伞形花序。这个伞形的花儿有时候在长有树叶的枝杈上面晃荡，有时候又会在金属的钟形网罩上摇摆。塔克西锯角叶甲的卵成组地聚集在一起，不过每组的卵数并不相同，最少的一组也有一打，多的那组可能有两三打。

7月是虫卵孵化的季节，我所拥有的卵也都是在这个时候开始了孵化。我为它们每只虫子都准备了一个大杯子，把它们放置在里面，然后用玻璃片盖在杯口，为的是让蒸发适度地进行。这些小虫子拖着自己倾斜着的、略微抬起的外壳，迈着细小的步伐行走。它们将自己身体的一半从外壳中伸出来，又会在瞬间缩回去。

大约两周过后，长脚锯角叶甲就会在自己坛子周边添上一圈新的绲边。这使得它们的住所又增大了，也适应了身体的成长变化。这圈新增的住所是由两部分组成的，一部分是原有的外壳，另一部分则是由幼虫自己织造的。这层添补出来的补丁与之前的卵壳有着很大的区别，前者圆润光滑，而后者上面布满了小孔，小孔呈螺旋形状分布着。

由于幼虫身体的不断成长，壳子的空间也显得越来越小，以至于内壁上的一层都被刮了下来。不过这层东西很快就会在黏合剂的帮助下披在外壳的表层，这就是粗涂的灰泥层。原本雅致的作品历经时间的磨砺后变得平淡无奇，这个布满小孔的优秀作品被石灰浆所遮盖了。我们可以用放大镜观察到锯角叶甲的卵壳在这件外套上所留下的印记，包括小洞的数目形式以及螺旋状脊的布置等。

之前我对锯角叶甲幼虫如何在没有任何帮助的情况下制作出外壳的模型感到困惑，后来才知道这个雏形是幼虫的妈妈留给它们的礼物。等到幼虫渐渐长大以后，它们就可以通过自己的劳作来将外壳扩大，以适合自己身体的大小。而妈妈之前留给幼虫的那层花边则在岁月的洗礼中被抛弃了。

思考·感悟

1.叶甲的服装是用什么做成的？

2.锯角叶甲幼虫是怎样将“坛子”的模型打造出来的？

花金龟：昆虫界的大胃王

花金龟的身材并不完美，它们上下都长得一般粗，但它们表皮光滑，穿着艳丽的外衣，像金子般闪光、黄铜般耀眼、青铅般

名师导读

多数花金龟体长不超过12毫米，但有少数著名的种类较长。北美的绿六月花金龟体长约25毫米，呈晦暗的丝绒绿色，边缘黄色、褐色相间，取食无花果等，危害很大。非洲巨花金龟可能是最有名的种类，白色，有粗黑条纹，鞘翅褐色，体长可超过100毫米，有黑色、革质的翅，比麻雀的翅膀还大。

花金龟的幼虫

凝重。很多人都见过它们躺在玫瑰花丛中，像一颗绿宝石一样光芒四射。花金龟总是在舒适的花床上享受着，花香环绕在四周，让它们迷醉。除非有一道强烈的阳光射入，否则它们根本不愿意离开这个舒适之地。

对花金龟不了解的人可能不会想到，这个慵懒地躺在花朵上的家伙有多么贪吃。8月的头一个礼拜，被我饲养在瓶中的15只花金龟破茧而出。我准备了一只笼子，把它们关了起来。这些花金龟属于金属花金龟这个种类，它们身体的上部分是青铜色，而下部分则是紫色。我用西瓜、梨、李子和葡萄等来喂养它们。

看花金龟吃东西可是非常大的乐趣。只要把头或是整个身子都钻进水果中，花金龟就不会再动弹了，甚至连脚尖都没有丝毫动静。它们在里面享用着美食，无论白天还是晚上，也无论阳光明媚还是阴暗潮湿。花金龟在丰盛的果汁中陶醉着，吃饱了就躺着一动不动。

花金龟为了享受美食而放弃了一切其他的活动。它们当中没有任何一只嬉戏打闹，除了歇息与进食，没有其他的活动。我不知道这样的状态究竟要延续到什么时候，更不知道它们的交配将在何时进行。对花金龟这样的美食爱好者来说，交配与产卵这些事情是无关紧要的。这些事情可能要到第二年才会进行吧，反正今年是不会考虑了。

天气变得炎热起来。炽热的天气就如同寒冬一样，都会让生命暂时静止。无论是在寒冬中被冻僵，还是在炎夏中被炙烤，所有的昆虫都会暂时躲避起来。被我关在笼子里的花金龟也同样如此。过热的天气让它们不能再安然地享用水果大餐，转而钻进了沙子里。

花金龟到了9月份才会再次出来进食，昏沉的状态也会在那个时候被摆脱。9月的西瓜汁和葡萄汁都是不错的食物，不过花金龟不会再像之前那样，如饿死鬼一般享用食物了。到了冬季，花金龟又会钻到沙子下面。虽然笼子四面透风，但是它们受到沙层的保护，并不会遭受严寒的侵袭。花金龟非常耐寒，它们在寒冬里居然能够保持体质强壮，就像幼虫时期那样。

第二年3月是生命复苏的时节，这个时候的花金龟也开始从沙子里面钻出来。假如遇上阳光灿烂的日子，那么它们就会爬到铁丝网上，在那里晒太阳；假如天气有些凉，它们又会回到沙土里面去。这段时间，花金龟已经不再对食物如饥似渴。我看到花金龟开始交配了，它们产卵的时节很快就要来临。我准备了一个坛子，并在坛子里铺了一些干燥的枯叶，以供花金龟产卵时食用。雌性花金龟在夏至到来之际纷纷地走入坛子中，它们在那里面住了一段时间后又出来，想必产卵已经完成。产卵后的雌性花金龟又存活了一两个礼拜，之后就死在沙土里面。

花金龟产卵很随意，每个卵都被七零八落地放置着。显然，花金龟母亲事先没有进行过周密的安排，它们只需要把卵产在烂树叶的周围就可以了。花金龟的卵呈大约3毫米的球体状，是一种象牙色的小泡，在被产出的12天后就会孵化。孵化出的花金龟幼虫全身都是白色，而且还有稀稀疏疏的短毛。花金龟幼虫的行走方式很是特别，它们一离开腐殖土就靠背部走路，四脚始终朝天。

对花金龟幼虫的喂养非常容易，只需要在枯叶堆中选取一些腐烂了的树叶，然后再把这些烂树叶放入一只能够防蒸发以及保鲜的马口铁匣子中就可以了。匣子中的烂树叶需要时不时地进行更新。这样，在之后的一年当中，花金龟的幼虫就会健康强壮地成长，直到蜕变时刻的到来。

花金龟幼虫的成长速度出乎我的预料。差不多到了第四周的时候，也就是8月初，幼虫的身子就相当于成虫的一半粗壮了。

花金龟虫茧

我拿了一个盒子，里面装有做粪肥的秕谷，想要测试幼虫的食量到底有多大。据我计算，从幼虫进的第一口食物算起，它一共吃掉了1.1938万立方毫米的秕谷，这个食量相当于幼虫身体的几千倍，是个不折不扣的大胃王。

花金龟的虫茧虽然在结构上稍显简陋，但是总体来说也还是漂亮的。它们的茧子大概有鸽子蛋大小，呈球体状。虫茧的内壁非常光滑，这也是为了保护幼虫稚嫩的表皮。虫茧比较结实，以至于我们可以用手指去按压它们。

由于花金龟幼虫在很隐蔽的地方为自己作茧，所以想要看到它们制造虫茧的整个过程是非常困难的。不过对于一般的操作过程我还是可以观察到的。为了了解情况，我挑了一个半成品的虫茧。这只茧子摸起来还比较柔软，显然是一个没有完成的茧。我用刀尖在这只虫茧上面很小心地挖了一个口子，以便观察里面幼虫的状态。它把自己的身体蜷缩成一个钩子的状态，几乎是完全合拢的钩子状。幼虫把头偏向了我打开的口子一边，它似乎知道发生了什么事情。很快地，幼虫就知道应该怎么做了。它把自己的身体又弯成钩状，脑袋和尾部粘在一起。然后幼虫用力一挤，就有一些粪便从它的尾部出来了。花金龟幼虫就是利用这些粪便来修补洞口的。更神奇的是，幼虫的粪便可以由自己随心所欲地生产。无论什么时候，只要幼虫需要，它就会很自然地将粪便排出。

之前我们提到过花金龟幼虫的脚，好像在行走的过程中并没有起到什么作用。那么，现在就让我们来了解脚的用处吧。对于结茧时的花金龟幼虫，它们的脚已经变成了灵活的手，可以帮助它们完成织茧的工作。脚的作用就是在幼虫的双颚咬住粪粒之后将粪粒扶稳，而且需要让粪粒在脚上面打转，最后再摊开，将粪粒放在合适的位置。这种方法非常经济实用。幼虫的双颚就相当于一把镘刀，它能够把粪粒一点一点地取下来，然后再将其磨成浆状物。幼虫会把这些浆状物涂抹到刚刚被我打开的一个洞口上面去。等到浆状物用完了，幼虫又会弯起身体，从肠道中挤出一些粪便作为新的黏合剂。

花金龟幼虫修筑虫茧的方式再一次让我们见识到了拥有这种技能的昆虫的特别之处。它们不需要额外的材料，只需要从自己的体内就能够生产出所需要的物质。这是大肚子的幼虫所独具的本领。它们的腹部都有一条褐色的腰带，这也是拥有这种本领的标志。它们善于通过精心地制作与管理把卑贱的事物变成高雅的。这种经济型的生产制造方式让我十分佩服。

思考·感悟

1.花金龟是怎样吃东西的?

2.花金龟幼虫的脚有什么作用?

第六章

松毛虫：气象播报员

名师导读

松毛虫，又名毛虫、火毛虫，古称松蚕，共有 30 余种，我国分布有 27 种，是松毛虫 种类最丰富的国家。中国对松毛虫的最早记载见于1530年广东《龙川县志》：“明嘉靖九年，大旱时连年发生，毛黑，食松叶尽而立枯，作茧松枝上，冬末乃化尽。”至今，松毛虫仍是我国森林害虫中发生量大、危害面广的主要森林害虫，其中以马尾松毛虫、赤松毛虫、落叶松毛虫、云南松毛虫为典型代表。

初冬来临，冷风已经开始耀武扬威，松毛虫开始修建过冬的住所。它们选择了一处松针密集的枝梢，用纺丝器织成一张网，将枝梢覆盖起来。这是一个半丝半叶的居所，丝网四周的松针都向房屋的中轴微微侧着身子，叶梢湮没在丝网中。12月初，丝屋已经有拳头大了，临近冬末时才终于完工。丝屋呈卵形体，下部逐渐缩小，最下方包裹着支撑房屋的松枝鞘。

松毛虫是有分享精神的昆虫，食物可以分享，房屋也可以分享。松毛虫是有奉献精神的昆虫，它们劳动，不仅为了自己，也是为了别人。每一只松毛虫都有一样的身材、一样的体力、一样的口味和一样的技艺。虫窝里的常住人口也好，新搬迁的移民也好，它们各方面都完全一样；三三两两的虫群也好，成千只的庞大队伍也好，它们之间没有任何区别。

它们的爱好相同，每个充满阳光的晴美日子，都在平台上午睡，谁也不多睡一会儿，谁也

不少睡一会儿；它们的食量相同，每次走出家门啃食松叶，它们都吃同样多的晚餐就能装满同样大小的丝壶，谁也不多吃一口，谁也不少吃一口；它们的劳动相同，每当吃饱了晚餐，就来到虫窝的表面纺织、吐丝，大家的贡献都一样，谁也不多铺一根丝，谁也不少放一根线。

1月份对松毛虫来说是一个重要的月份，它们在此时迎来了第二次蜕皮。这是又一次生命的升华，只要天气允许，松毛虫们就不论昼夜地停留在居所的圆形平台上，你推我挤、相互依靠着迎接蜕变的时刻。经过这次蜕皮，松毛虫换上了一件新的外套，与之前那套华丽的服装相比，这一件显得朴素暗淡了一些。它们背部中央的毛是暗橙黄色的，其中还混杂着很多的白色长毛。

松毛虫在这件颜色灰暗的服装上，添加了一个十分奇怪的器官。一条宽大的细长缺口在松毛虫的8个体节上横切而过，像是被手术刀划开的切口。这个切口按照其主人的指令，时而全开或半开，时而完全闭合。松毛虫的内脏穿过切口，从中隆起一个驼背形的局部鼓泡。

观察这个局部鼓泡是一件有趣的事情，因为它们十分敏感，哪怕一丁点儿的刺激都会使它们反应激烈。我用一根稻草秸轻轻地触碰这个细腻的乳突，它们立即缩回，躲藏在黑色的表皮下面，形成一个深深的卵形缺口，像是两片嘴唇。

当一切平静下来之后，狭长的嘴唇又重新打开，半张着，敏感的突起再次出现。不过，一旦再有刺激出现，它们又会很快躲避到表皮下面。我对松毛虫的这个特殊器官十分感兴趣，用许多不同的方法来刺激它们，它们迅速地交替开启与闭合。一阵轻微的烟草味，能够将它们引诱出来，气孔半开着，露出细腻的乳突，如果烟味太浓太呛，松毛虫就会扭曲身体、关闭器官。

松毛虫在自己的背上划开这么多的狭长切口，到底是做什么用的呢？有人说这些切口是松毛虫的呼吸孔，即气门。对于这种说法，我不敢苟同。首先，没有任何昆虫在自己的背上劈开缺口用来换气，而且，我用放大镜仔细地观察过，并没有发现任何阀门将狭长切口与内部器官连通起来。呼吸并不是这些切口存在的意义。

观察告诉我们，这些根据松毛虫指令在切口中进进出出的局部鼓泡，是感觉器官。它们出现，是为了探寻信息、了解情况；它们消失，隐藏在黑色的表皮下面，是为了保存灵敏的感觉能力。那么，它们在收集什么信息呢？如果我们不从松毛虫的日常生活习惯着手，恐怕很难找到答案。

松毛虫可以算是昆虫界的特立独行者，它们在寒冷的冬季最为活跃。在严寒的季节里，别的昆虫都在睡觉，昏昏沉沉、迟钝麻木。可是松毛虫这些纺织工们，却如火如荼地劳动着。这些在寒冬忙碌的纺织工们要外出工作，对天气也是有一定要求的，超过承受限度的恶劣天气，对在严寒和黑夜中劳作的松毛虫来说十分可怕。如果在狂风怒号的天气出行，就有可能被猛烈的北风刮走而丧命；如果雨雪骤降、霜冻威逼，也必须躲在家里。冬季的天气总是令人捉摸不定，要想在这些恶劣的天气中安然度过冬天，就要时时刻刻谨慎小心。如果能预见到恶劣天气的发生该多好啊！我猜想，或许松毛虫身上的确装备着某种能够刺探天气秘密的特殊器官。

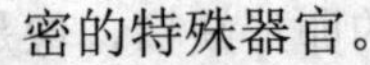

松毛虫

为了弄清气候与松毛虫之间的关系，我开始了密切的观察。我成立了松毛虫气象台，虽然贫困的生活使我的气象台连一只气压计都没有，不过我还有血液里流动的热情。我严密观察暖房里和荒石园中的松毛虫，将它们的隐居、行动和

外出记录下来，同时，也将观察时的天气状况和《时报》的气象图添加在笔记本中。

我先介绍一下松毛虫气象台的组成吧，它有两个台站，一个在暖房里，另一个在荒石园的松树上。在严寒的冬天，能够不承受雨雪就获得持续而规律的材料，是一件幸福的事情，因而暖房中的台站更让我喜爱，不过，露天松树上的台站也必不可少，它使我的记录更加翔实。

先来看看暖房中的松毛虫告诉了我们什么吧。这些观察对象不用担心雨雪和霜冻，因而细小的天气变化不会引起它们的注意，它们只关心大气环境的高级变化。12月13日的晚上，它们拒绝出门，虽然夜里和第二天早上都是雨雪天气，但是这威胁不到安然居住在暖房中的松毛虫。想必是因为大气环境发生了异常重大的变化。

的确，《时报》的气象图证实了我们的推测。13日，我们所在的地区处于强大的低气压之下，英伦三岛出现了之前从未有过的气温骤降现象，并在13日到达我们地区，一直持续到22日。这段时间，暖房中的松毛虫被气压的急剧下降所威慑，隐居在丝屋里不肯出来，直到感觉安全一些，才出来啃食松针和进行纺织，不过，一旦天气恶劣程度加剧，它们就又会躲进虫窝里。

而荒石园松树上的松毛虫则一次也没有外出。它们没有暖房的保护，只能依靠自己的小小丝屋。就算这段低气压控制的天气更多的时候是晴天，它们也谨慎地待在家中，不肯外出，不肯冒一丝风险。

现在几乎可以肯定，松毛虫的行动和气压的变化是相互关联的。当气压下降时，松毛虫就隐居家中，绝不外出；当气压上升时，松毛虫就照常出来活动。

在所有能够预知天气的生命体中，昆虫可以说是最为敏感的气象仪器，所有昆虫都不同程度地具有一种易感性，它们的这种易感性能够不需要任何明确器官就能发挥作用。有几种昆虫，它们的生活方式使自己预知天气变化的才能更为突出，它们可能拥有特殊的器官用来观测气象变化。

想必松毛虫就属于这种昆虫。严寒的1月，它们褪去旧衣，换上第二套服装。此时，它们与其他昆虫相比，似乎更具易感性。要在变幻莫测的天气中，选择合适的时间外出用餐和纺织，它们就在自己的背上割开了许多细长的切口。这些孔半开着，有的局部鼓泡从中隆起，随时注意着天气的变化。

思考·感悟

1.对于松毛虫的分享精神你有什么感想?

2.为什么说松毛虫是“气象播报员”?

野草莓树毛虫：令人憎恶的毒虫

毛虫那遍布全身的毛发常令人浑身不适，但事实上，能够使人产生痒痛感觉的毛虫种类并不多，就我所处的地方，只有两种：松毛虫和野草莓树毛虫。我已经谈过有关松毛虫毒素的问题，现在来讲一讲野草莓树毛虫。

这种毛虫演变成成虫之后，全身雪白，异常美丽，只是由于腹部的最后几个环节呈橙黄色，非常鲜艳，所以看起来倒与毒蛾有几分相似。不过，它们比毒蛾的个头要小一些，而且，当它们还是毛虫时，它们的活动范围也与毒蛾的毛虫不同。

与在松树上成群结队爬行的松毛虫比起来，野草莓树毛虫的生活习惯实在没什么可谈的。不过，它们的破坏活动和毒素，倒是值得细述。

在塞丽昂的丘陵上，野草莓树触目皆是。这是一种灌木植物，四季常青，郁郁葱葱，看起来很有活力。它们结的果实和草莓长得差不多，颜色也是鲜红色的，圆圆鼓鼓的，果肉多，口感充实。寒冬的季节里，野草莓树用像白色铃铛一样的花朵和鲜红的果实装点着青绿的枝叶，它们调皮地将开花期和成熟期混合在一起，使自己如此优雅美丽。可是，再怎么美丽，它们也得不到樵夫的怜惜，最终只能接受被砍伐的命运。

不过，即使它们被人们粗暴地对待，被砍下来捆成柴捆，投入炉灶燃烧，这样的痛苦也比不上它们被野草莓树毛虫蹂躏的痛苦来得强烈。当一种浑身雪白，胸部有漂亮触角羽毛装饰和絮状披角的蛾在野草莓树的叶子上产下卵时，它们的痛苦命运便拉开了序幕。

在野草莓树的叶子上，长着一种披针形状的东西，长度大约两三厘米，呈浅白色，略带橙黄，厚实而柔软，就像一个小垫子似的。朝向叶梢的那一端被树胶固定起来，虫卵就藏在这个垫子里，闪耀着金属的光泽。

到了9月份，卵孵化了。初生幼虫的第一份食物便是它们脚下的叶蔟，然后它们才会向相邻的树叶进发。由于树叶趋光的那一面比较细嫩，因此幼虫通常只啃食这一部分，很显然，背光面那些由叶脉形成的网纱实在太过坚硬，对于刚出生不久的幼虫来说，并不是恰当的选择。

幼虫吃东西时相当节约，也很有原则。它们绝不随便乱吃，而是谨守进食的规矩：从叶柄出

名师导读

野草莓树，学名叫作牛叠肚，是蔷薇科悬钩子属植物，直立灌木，高1～3米；枝具沟稜，幼时被细柔毛，老时无毛，有微弯皮刺。果酸甜，可生食，制果酱或酿酒；全株含单宁，可提取栲胶；茎皮含纤维，可作造纸及制纤维板原料。在我国主要分布于黑龙江、辽宁、吉林、河北、河南、山西和山东等地。

发，慢慢蚕食叶片，直到叶梢为止。在进食时，好几条毛虫的头排成一条直线，向前进发。在树叶的一面没有完全吃光之前，它们就不会觊觎远处的食物。

毛虫群总是在前进的过程中，在一面已经被吃光的树叶上留下几根丝线，编织出一张纤细的网。这张网可以为它们遮挡太过强烈的阳光，同时也能够当成降落伞来使用，只要有风，毛虫们就能随着这张网被卷走，迁移到另外一块牧场，继续进食。被它们啃食过的地方，树叶都会卷起来，像一艘被网覆盖的船。

进入11月份，天气变得越来越恶劣，它们就会在一根树枝上定居。这根树枝上的叶片遭到啃食之后，全部都卷了起来，相互贴合得更紧密，这样就形成了一个看上去像烧焦了一样的柴捆。毛虫们用丝线织成的绸缎来加固这个柴捆，为自己建造了一个过冬的房子。在春天到来之前，它们会一直住在里面，足不出户。

那么，毛虫们既没有牵引的缆绳，也没有用来推动构架的绞盘，身体又那么虚弱，它们是如何用丝线将相邻的树叶系在一起的呢？其实，一切都是自然而然完成的。它们只不过是等待风偶然地将丝线刮到另一片叶子上，然后它们就会利用这个机会，牢牢抓住丝线，将另一片叶子扯过来系住。就这样不断反复，丝线越缠越多，越缠越紧，被圈进来的树叶也越来越多，临时的庇护所也就逐渐建成了。

这座舒适的过冬之所，之所以能够经得起雨雪的袭击，是因为野草莓树小毛虫毫不吝惜自己的丝线，来将这所宅子修建得厚实、密不透风。在天气极其糟糕的寒冬季节，小毛虫们什么也不吃，它们缩在这栋房子里，在昏沉麻木中度过冬季。

3月份，暖意降临大地时，毛虫们开始搬家了。这个时候的毛虫已经不再如过去那样——只啃咬树叶趋光的一面。饿了好几个月的它们，饥不择食，将整整一片树叶都吞入腹中。它们贪婪地进食，将一丛丛野草莓树吃得精光。如今的毛虫搭建了新的帐

篷和临时住所，它们有着群居的习性，各自组成团队，分散居住在树上各处。当周围的树叶都被吃完时，它们就会随之搬迁。

到了6月，毛虫便发育完全了，这时，它们会离开野草莓树，在地上的树叶里面织茧，1个月后，便能破茧而出，化作虫蛾。织茧之前的毛虫，能达到3厘米粗，它们的皮毛很特别，背上的皮肤是黑色的，中间有两串橘黄色的半点，毛则呈灰色，一束束排列着，身体两侧的毛是白色的，较其他地方要短一些，腹部的前两个环节和倒数第三个环节上长着两个栗色的隆起，质地像丝绒一般光滑。

野草莓树毛虫最引人注目的地方是背部中央第六和第七个环节上长着的一对口子，这对口子极小，一直张开着，像火山口似的，又像两滴红色蜂蜡雕成的朱红色酒杯。我不了解这两个口子的功能，但是，在当地的村民眼中，这两个朱红色的小点更像是一种可怕的警示。砍柴的樵夫和捡荆棘的妇人只要一见到野草莓树毛虫，便会毛骨悚然，同声咒骂，因为这种毛虫会让他们尝到难以忍受的奇痒和剧痛。

对此，我感到难以理解。因为我曾经长时间地玩弄这种毛虫，把它们放在我的手指上，甚至脸上，或者好几个小时地研究虫窝，也没有感觉到任何不适。当然，可能是因为我的皮肤太过粗糙，当我的孙子帮我掏完虫窝之后，的确有了一些皮肤过敏的反应。他用干完活的手去挠自己的脖子，结果脖子上出现了一道道红色的水肿，看起来像虎纹一般。不过，这些虎纹在24小时以内就自动消失了，并没有造成多么严重的后果。

看起来，这种毛虫的毒素只对小孩子起作用，因为小孩子皮肤细嫩。那么，那些粗手大脚的樵夫和村妇又怎么会对野草莓树毛虫如此忌惮呢？我仔细考虑了这个问题，最后我认为，一定是缺少了某些条件，才导致我与樵夫村妇们的受害情况产生如此大的差异。这些条件包括：时机、毛虫的成熟度，以及能让毒素更猛烈的高温环境等。

思考了这些之后，我开始着手进行实验。首先，我用乙醚溶液浸泡了百来条野草莓树毛虫，这些毛虫还未成熟，身体只有发育完全后的一半大。浸泡时间达到两天，然后我将浸泡液体过滤出来，让其自然地蒸发。最后，液体只剩下几滴，我用这几滴浓度很高的液体浸湿一张折了两下的吸墨水纸，最后用薄薄的橡胶片和绷带将这张纸贴在我的前臂内侧的皮肤上。

我贴上这张纸的时间是上午，到了晚上，毒素开始发作了。我的皮肤感觉到了难以忍耐的瘙痒以及灼热的痛感，这种感觉折磨着我，让我有种将这种吸墨水纸揭下来的冲动，但是，我没有这么做，就这样彻夜不眠地忍耐到了早上。

第二天，我揭下了那张可怕的纸，4平方厘米的皮肤受到了残酷的折磨。我终于理解了樵夫和村妇们对野草莓树毛虫的憎恶。设想一下，那些深入荆棘里砍伐和拾取柴火的樵夫和村妇们，背部、肩膀、脖颈、面部、手臂都会受到这样的折磨，比起他们，我现在的遭遇已经够轻松的了。

接下来的5天里，我的皮肤红肿着，布满了小脓疮，脓疮上面还在往外渗出一滴滴的体液，痛楚像针扎一样，而且伴随着让人咬牙切齿的奇痒。随后，受到损伤的表皮变得干燥，像鳞片那样掉下来，痒痛感减轻了许多，而手臂上的红色斑块则过了1个月才完全消失。经历过这一切之后，我确信，野草莓树毛虫的确当得起那令人憎恶的名声。

思考·感悟

1.野草莓树毛虫是怎样建造房子的？

2.为什么樵夫和村妇会如此害怕野草莓树毛虫？

豌豆象：聪明的钻井工

昆虫们不用在田间劳作就可以获得大自然给予它们的恩赐。大自然让豌豆荚成熟起来，不仅是为了在田地里辛苦耕耘的人类，同时也是为了豌豆象。不同的是，我们的皮肤被太阳炙烤成了黑红色，腰背累到直不起来，而豌豆象却安然无恙。

豌豆花有着白色的花边，像蝴蝶的翅膀一样美丽。豌豆象们就选择在这样美好的住所里繁殖后代。在产卵时刻到来之前，豌豆象们纷纷开始占领花瓣。有些豌豆象选择花最顶端的旗瓣作为自己的住所，有些则将自己的房子安置在两侧的龙骨瓣的小盒子中，另一些则在搜寻花序，将它们占为己有。

婚配的时刻选择在上午进行，因为这个时候的阳光虽然强烈但是没有让人腻烦的感觉。一队队的豌豆象时而分开，时而又重新组合在一起，好不快乐。等到正午到来后，豌豆象们便藏匿在已经寻找好的豌豆花住所里，躲避强烈阳光的炙烤。待明日以及日后更多的上午时光，再度享受欢乐。这样的欢快日子将一直持续到豌豆花的龙骨瓣的小盒子被鼓胀起来的豌豆果实弄破之时。

豌豆象是繁殖旺盛的家族，在产卵的适当时节还没有到来之时，就有一些豌豆象将自己的卵产下。上午的阳光温暖和煦，在10点左右的时候，豌豆象母亲以自己混乱的步伐上上下下地行走着，从

名师导读

时至今日，豌豆象已经成为一种遍布世界的害虫，给各个国家的农业造成了很大的伤害。它主要通过被害种子的调运进行传播，危害豌豆、菜豆、野豌豆、决明、金雀儿、山黧豆等植物。

20世纪50年代豌豆象在我国开始危害，1957年，河北省调查，除张家口，全省都有发生。1958年秋，蚕豆象和豌豆象从湖南、湖北等地传到广西中部和南部，导致桂林地区成为这两个物种严重发生区。1965年，豌豆象传入新疆塔城和伊犁地区，造成迅速蔓延。20世纪90年代以来，豌豆象严重危害甘肃中部地区。

豌豆荚的一面转移到另一面。这位母亲在行走的过程中把自己的一根输卵管展露在我们眼前，这根输卵管不是很粗，来回地摆动着，好像想要把豌豆荚的表皮割破似的。输卵管在豌豆荚的绿色表皮上东一点、西一点地产下。卵一被产下，豌豆象母亲就会对它们弃之不管。这位母亲让自己的卵在空气里暴露着，没有一点遮蔽措施。

除了产卵的杂乱和对幼虫的不闻不问，豌豆象母亲的产卵还有一件更要命的事情，那就是豌豆荚内的虫卵数量与豌豆荚的籽粒数不成正比。豌豆象幼虫所必需的食物供给比例是一条幼虫配有一粒豌豆，这是豌豆象存活的规律，不可改变。豌豆象母亲显然没有意识到繁殖数目必须根据豌豆荚果实的数量而定这个道理，它们漫无边际地把卵产下，导致众多的幼虫为了一颗果实而你争我抢，而那些没有抢到籽粒的幼虫最终会在饥饿中死亡。

我用放大镜观察幼虫活动的过程，探寻它们的豌豆球世界。幼虫选择最近的一颗豌豆籽粒住下来，并且在这颗籽粒上面垂直地挖一个坑。小坑挖好后幼虫就将自己身体的一半下入到豌豆籽粒中去。除了豌豆籽粒的下半部分，豌豆象幼虫在籽粒的任何一个部位都可以钻出口子。由于豌豆籽粒的胚胎位于下半部分，因此它们的生长不会受到幼虫在上方钻洞的阻碍。

当然，豌豆象并不是因为口下留情而不吃那能够导致种子灭绝的部分，而是因为豌豆在生长的过程中一粒紧挨着另一粒，这种紧密相连的排列方式使得豌豆象幼虫不能够随意地在豌豆上面行走，所以幼虫的钻孔活动都选择在豌豆的上面进行。但是在另一种情况下豌豆还是会被豌豆象所破坏，这种情况同豌豆的大小直接相关。假如豌豆的体积非常小，由于供给豌豆象幼虫的食物过少，幼虫不得不将整粒豌豆啃个精光，这种情况下的豌豆将遭受灭顶之灾。

蚕豆与豌豆一样，也深受豌豆象的喜爱。然而在蚕豆那里，更多的豌豆象幼虫能够存活下来。每粒蚕豆大约能够居住下五六只，甚至更多的幼虫，每只幼虫都拥有一个自己独立的、不受侵扰的隔间。

如果豌豆象母亲在蚕豆上面铺满自己的卵，这样做的原因我能够了解。因为蚕豆上有着足够豌豆象幼虫存活的食物，而且这些食物易于获取。但是对于豌豆象母亲在空间与食物都很短缺的豌豆上面也采用同样漫无边际的产卵方式，我感到十分困惑不解。为什么这位母亲要让自己的孩子们忍受饥饿的煎熬呢？为什么它要让如此多的幼虫为了一颗不够食用的豌豆而最终走向死亡呢？

鉴于这样的情况，我猜想豌豆并不是豌豆象在最开始所选取的食物与住所。它最早选取的应该是蚕豆。因为蚕豆拥有更大的空间，能够容许更多的豌豆象幼虫在里面生存与成长。

现在我想关心一下在豌豆中唯一存活下来的那只豌豆象幼虫的情况。它的兄弟姐妹全都死光了，但是它们的死亡与这只可怜的小虫并没有直接的关联，只是这只小虫的运气比较好而已。这只小家伙躺在豌豆种子的正中央处，那是个幽静的地方，它啃食着周围的食物，这也是它唯一需要做的工作。塞着它的肉乎乎的大肚子的窝由于它的啃食而变得宽敞起来。这只小幼虫的身子非常优美，全身都发着光，胖胖的。一旦我打扰了它，它的身子就开始慢慢地扭动，懒洋洋的。它还会把头轻轻地摇动，以这种方式来抗议我的骚扰。

豌豆象

这只豌豆象幼虫长得很快，在夏日来临之前它就已经在为自己的逃生开始准备了。由于豌豆现在已经变得非常坚硬，这只幼虫明白将来它不能在这个硬壳上开辟出道路来。于是它提前开始了活动，用自己灵巧而坚硬的颌在豌豆上钻出一个井坑，作为日后逃脱的出口。井坑的内里非常干净，整体上十分浑圆。

在8月或早或晚的那个时候，每粒豌豆种子上面都会有一些黑色的星状物出现，没有任何一颗种子是例外。这些黑色的星状物其实就是豌豆象外出的窗口。等到了9月，这些窗口就会完全打开，好像那个盖子已经掉落在了地上。这时候豌豆内部的空气与外部清新的空气相交融，豌豆象的居所里流入了新鲜的空气。豌豆象蜕变了，它穿着靓丽地从洞口走了出来，这身衣服也是它最终的打扮。

思考·感悟

1.在什么情况下豌豆象幼虫会将整粒豌豆啃个精光？

2.除了豌豆，豌豆象还喜欢吃什么？

椿象：与鸟卵媲美的虫卵

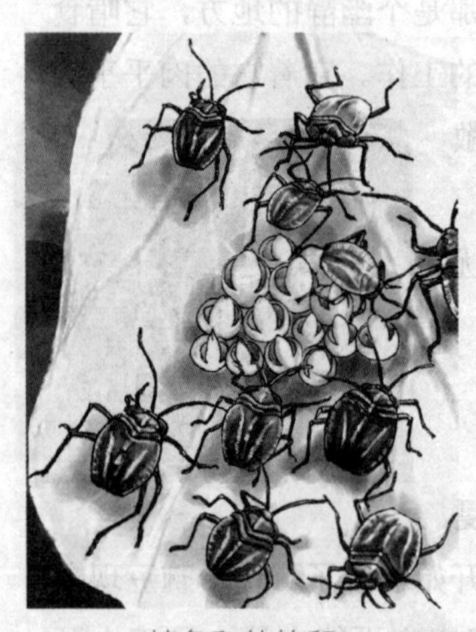

椿象和他的卵

与鸟卵的优雅相比，昆虫的卵绝对称不上美丽。不过，在昆虫的卵中也有能够与鸟的卵相媲美的，那就是椿象的卵。这种昆虫就是我们通常所讲的臭虫。椿象的体内可以散发出一种强烈的汁液的味道，让人十分讨厌。然而这种昆虫的卵却是个讨人喜欢的东西，精巧细腻，极具艺术美感。

近几天我就发现了一个拥有30来只卵的椿象卵群，是在一根石刁

柏的树枝上面找到的。椿象的家庭成员还没有分开，卵也是刚刚被孵化。椿象的卵都一粒粒地紧挨在一起，就像一件刺绣艺术品上面的珍珠一样，非常漂亮。卵被孵化后，空的卵壳会停留在原地不动，而且除了卵壳的盖子稍微翘起，其他地方都没有变形。这些卵壳的颜色是淡灰色，而且是半透明的，很像是一个用白岩石材质加工出来的精美小罐子。

椿象卵被孵化之后总是有一条线，那是用炭黑划出来的线。这条线呈现出锚形或是丁字形，丁字的两条臂膀还是弯曲的。黑线就位于卵壳之中靠近边缘的地方。我不知道这条黑线到底有什么样的作用，难道它是为了关闭卵壳而制作出来的锁头吗？还是椿象想要为自己的工艺留下一些凭证？

椿象幼虫刚刚从卵中被孵化出来。它们长得圆嘟嘟的，身材粗粗的、短短的，肚子下面是红色的，其余的部分都穿着黑色。椿象幼虫的胸部侧端还有着红色的带子作为装饰，幼虫们还没有从卵壳堆中走掉，它们一群群地聚集着，等待阳光和空气让它们变得健壮，之后才会与群体分散，各自去寻找自己的地方和美食。我不知道这些椿象幼虫是如何从它们的卵壳中出来的，也不知道那个罐子盖是如何被撬开的。我想我需要尝试着来解答这个疑问。

4月已经远去，5月来临。我的小园子中开满了鲜花，迷迭香是椿象喜欢的栖居地，我可以随意地在上面找到它们。我需要在金属钟形网罩下

名师导读

椿象，俗称“臭大姐”，它身上有一种特殊的臭腺，臭腺的开口在其胸部，位于后胸腹面，靠近中足基节处。当椿象受到惊扰时，它体内的臭腺就能分泌出挥发性的臭虫酸来，臭虫酸经臭腺孔弥漫到空气中，使四周臭不可闻。椿象的“臭气弹”并不是什么进攻性的武器，而只是自卫和抵御敌害的烟雾，它一旦遇到敌害进攻，便立即施放臭气进行自卫，使敌害闻到臭味而不敢进犯，自己则乘机逃之夭夭。

面来喂养这些小家伙，以达到观察了解的目的。

我在小灌木上面摘了几根带树叶的树枝，把它们放在了我的钟形网罩中。椿象们会在这些树枝上合理地安排自己的卵。我每天都会更换一束迷迭香，而且保证我的实验室阳光充足。这些已经足够了。5月的前半月椿象就产下了卵，数量之多让我始料未及。我赶忙把这些卵分门别类地放置在小玻璃试管中，以便观察卵的孵化。我想，只要我认真细心地进行观察，一定会看出个所以然来。

椿象的卵总是相互紧挨着，整齐地站着队。在一片树叶上，这群整齐的队列时长时短，牢靠地抓着这片树叶。整体上看，就好像是用珍珠制成的一幅美丽图案。珍珠在画布上很牢地粘贴着，无论是用刷子还是手指，都无法将它们弄下去。幼虫离开后，卵壳依旧留在原地。

卵在刚刚产下的时候呈一种稻草的黄色，卵的颜色会随着自身的成长而变得不同，之后又会由于里面生命的逐渐变化而呈现为带着红色三角形斑点的淡橘色。等到幼虫被孵化出来后，只剩下一个空着的卵壳，这个卵壳就呈半透明的乳白色了，非常漂亮。

椿象飞行的速度很快，它可以在相距很远的不同地点分别产下卵，有20个椿象卵群并不是一件稀奇的事情。每个地方产卵的数量有着很大的差别。我所收集到的椿象卵中，有一次最多收集了9行卵块，每一行大概有一打的卵，总数超过了100只。然而，一般情况下，卵的数量都会在此基础上减去一半，或者比一半还要少。最开始吸引我的是从一根石刁柏树枝上收集来的卵，那个卵群大约有30多只椿象卵。我还曾经找到过一个拥有约50只卵的椿象卵群。当然，也有一些收集到的卵群只有15只。

椿象孵卵的时间也不定，今天孵出一些，明天可能还会孵出一些。我把这些在不同时间段里孵出的卵都收集到玻璃试管内，

以便观察。5月还没有过去，这些椿象卵只需要两三周的时间就能够发育成熟了。要想知道卵壳盖子边缘的那三根黑色的锚形物，就必须在这个时间段内高度集中地对椿象卵进行观测。

由于这个黑色物体不是在卵刚刚被产下时就有的，因此我之前的猜想也就泡汤了。因为如果这个奇怪的东西是作为门锁来使用的话，它就必须在卵刚刚被产下时就出现。而现在看来，这黑色的不明物却是在幼虫成熟以后才有的。现在，我们面临的问题不是盖子怎样关闭，而是怎样才能将盖子打开。或许这个黑色的不明物正是开启大门的钥匙。让我们继续探索。

孵卵的时刻已经到了，我使用放大镜来观察试管中的动态。卵盖的一端如同门在铰链上旋转，而另一端则在不知不觉中就升起来了。椿象的幼虫待在盖子边缘的下端，它们用脊背靠着卵壳。卵壳现在已经呈半开的状态了，这对于我的观察是非常有利的。椿象幼虫好像戴着一顶小帽子似的，帽子制作得十分精良。幼虫一动不动地待着，整个身体缩成一团。

帽子呈三面角的形状，看上去像是角质物。三根脊柱呈深黑色，而且很硬。在幼虫两只红色的眼睛之间有两根脊柱，第三根在颈背上。在这三根深黑色的脊柱上，我看到了一些韧带，这些韧带绷得很紧，起到固定这三根脊柱的作用，还能防止脊柱把角尖弄钝时进一步脱离。这个帽子的凹面长着松软的肉质，使得椿象幼虫的额头没有办法破除阻碍。在幼虫额头的上面有一个推进装置，那是一个比较狭窄的地方，就像一个活塞一样，那里有着跳动速度很快的脉搏。这是由于血液的急速流动而产生的。那个黑色的不明物体也是因为这种血液的急速流动，慢慢地被顶起的。差不多1个小时过后，卵盖被开启了。

小鸟为了破壳而出，就用自己的嘴巴将外壳啄开。同样的，椿象幼虫有着自己的独门绝技来让卵壳打开。椿象幼虫打开卵壳的方式甚至要比鸟儿啄壳的方法高明很多。鸟儿出壳后，它的外壳最终需要裂开，而椿象幼虫的卵壳则不需要被破坏掉。幼虫钻出卵壳后，卵壳本身依旧是一个精美的艺术品。这时候的卵壳已经变成了半透明的乳白色，看上去更加美丽。

思考·感悟

1.椿象还有一个名字叫什么？

2.椿象卵需要多长时间才能发育成熟？

3.椿象幼虫打开卵壳与鸟打开卵壳有什么区别？

色斑菊花象：勤劳又慈爱的父母

蓟草是南方植物当中最为优雅标致的一种，盛开在夏秋两季。植物学将蓟草称为蓝刺头，因为这种植物有着刺圆形的头部，由漂亮的小蓝花集成，而蓝刺头那漂亮的带刺的绒球就在这些小花的掩盖之下生长着。把玫瑰型绒球打开，并且把它们的多肉的底部剥开，我们会看见一些拥有白色外表的蠕虫。它们全都肉乎乎的，在受到阳光和空气刺激的那一瞬间顿时变得惊恐不安。它们的身子微微地摇晃着，这些小家伙就是色斑菊花象的幼虫。

7月还未来临的时候，象虫科昆虫就已经开始在蓟草上建立自己的家庭了。那时候的蓟草花球还只有豌豆那样的大小，再大一点的也大不过樱桃，还处于绿色的状态。我为了研究这些色斑菊花象，便让它们居住在我的钟形金属网罩下面。它们的喙长得很奇怪，然而这个看起来荒谬的喙却是雌性色斑菊花象发挥母爱的工具。虽然大颚和嘴都附带在这个喙上，但是除了能够进食，喙还有着一项非常重要的功能，那就是通过与输卵管的协作，为

产卵做准备。

我看到色斑菊花象一对一对地结合着。它们用爪子相互搂抱着，亲密而温柔。雄性色斑菊花象用自己的前爪抓住了雌性配偶，后爪的跗节时不时地擦拭着配偶的侧身，动作时而轻柔，时而莽撞粗鲁。而雌性配偶在这个时候还不忘了为自己的卵窝做着准备，它们用嘴加工着头状花序。勤劳的雌性色斑菊花象从来没有停止过自己对家庭的操劳，即便身处蜜月时光。

雄性色斑菊花象在刚刚与妻子分开之后就会自己去寻觅食物，它们不会去吃自己幼虫的东西，也就是蓝色的叶尖，而是只选择在树叶上面进食，在树叶的趋光一面有节制地吃着。它们的妻子继续在原处留守干活。雌性色斑菊花象用自己灵活的大颚不停地往尖头桩里面插，将有头状花序的小花整个拔起，再把它们放回去。

挖好洞窝的雌性色斑菊花象将自己的身子掉转，并且用自己肚子的尾端来寻找洞窝的进口，这是为了安放卵。象虫科昆虫拥有两种劳作工具，一个是位于前方的产卵管，另一个是位于后方的导向管。导向管往往是在产卵的时候才拔出来，一般情况下隐藏在身体之中。除了象虫科昆虫，我并没有看见过其他种类的昆虫也拥有这两种器官。

在喙的帮助下，雌性色斑菊花象很快地就完成了自己的产卵工作。被色斑菊花象占用的头状花序很容易就能够分辨出来，因为它们上面都长了一些略微凸起的斑点，而且是褪了色的斑点，

名师导读

蓝刺头在我国主要分布于东北、内蒙古、甘肃、宁夏、河北、山西、陕西和新疆天山地区。蓝刺头的适应能力非常强，耐干旱气候和贫瘠的土壤，喜欢凉爽气候和排水透气良好的沙壤土，严忌炎热、湿涝环境，粗放管理即可。蓝刺头片植可作花境，增加观赏性；种植在道路两侧，可以柔化生硬的道路曲线。

每个斑点处都有一只虫卵。

我不知道在蓝色蓟草上到底居住着多少色斑菊花象，但是我知道那块小天地最多够为3只幼虫提供足以生存下去的食物。这样一来，早早地就在蓝蓟草上安家的色斑菊花象会让自己的家族兴旺发达，而那些姗姗来迟者只能坐等死亡了。我看到色斑菊花象的卵有时候几乎是挨在一起的，这可能是因为产卵者太多而不能考虑得太仔细了吧。在雌性色斑菊花象将自己的套针放入的时候，它根本没有留意旁边已经被其他的色斑菊花象占领了。

一个礼拜过后，长着橙黄色脑袋的白色小幼虫们就出生了。然而色斑菊花象幼虫在我的精心喂养下全都夭折了。我把它们放置在玻璃试管里进行饲养。我拿着放大镜对这些被关在试管内的小虫子尽情地探索着。这是几只已经开始成长的色斑菊花象幼虫，但是我却没有看到它们吃那些已经有残缺的轴茎和中央小球。它们的嘴最多只是在这些残缺的植物上触碰一下，然后它们就会往后退。这些食物虽然新鲜，然而却是木质的，这并不适合色斑菊花象幼虫。

我的实验让我明白了一些问题，那就是色斑菊花象幼虫的饮食问题。它们根本不吃固体性的东西，它们所食用的是流体类的树汁。幼虫仔细地在头状花序的轴茎和中央小球上打开缺口，然后在那里吮吸蓟草渗出来的汁液。这些汁液就是从植物的根部通过这个缺口流出来的。当缺口变干之后，幼虫们会开辟出新的缺口，继续饮用生命之源。这个蓝色的小花球只要还生机盎然，那么汁液就一定会从根部流出来的。相反，一旦幼虫的食物储备室与枝杈分离，新鲜的汁液就会断绝，幼虫也会因为没有营养的食物可以食用而早早地死去。

放置在花轴上的小球就是支撑小花的花托，色斑菊花象幼虫就是从这个小球开始活动的。幼虫对小花的损伤是从花托开始，

它们逐渐地将这些小花拔掉，然后借助自己的脊柱把小花往后面推移。被开辟出来的地界儿虽然有些受损，但是这却成了幼虫最好的栖息地。那么，被幼虫拔出来的小花是掉到地上去了吗？当然不是，如果小花掉在了地上，那么幼虫的臀部就会由于不受遮掩而裸露出来。这丰厚而鲜美的臀部对于幼虫的敌人来说是多么诱人啊！

相反，这些小花和其他的废弃品被幼虫推移到后面以后便一个一个地集合在一起，然后经过一种胶状物的粘贴全部被固定在花托之上。这种胶状物具有防水与凝结速度快的功效。除了小花上面的黄色斑点，这些废弃物堆积在一起就像一束完整而美丽的花丛一样。幼虫的生长使得被拔出来推移到后面的小花不断地堆积，最终在屋顶上形成了一个类似驼背形状的小堆。色斑菊花象幼虫从此得到了一个非常宁静而安全的房屋。它们在里面享受着汁液的抚育，而房屋又能够有效地遮挡外部强光的照射。幼虫在这种安宁的环境下长胖了。虽然没有母亲的照顾，色斑菊花象幼虫却凭借着自己的本领为生活提供了保障。这小小的隐蔽所就像一根小香肠似的，外面是铁黄的颜色，弯曲成钩形。

一个长15毫米、宽10毫米的卵形窝在色斑菊花象临近蛹期的时候建成了。小窝的大直径与头状花序的轴呈平行状。这个小窝的结构非常紧密，用手指按压也不会被弄碎。一般情况下，三只幼虫的小窝同时在一个支撑物上修成。这是三个外表被粗硬的毛包裹起来的小屋，看样子就像蓖麻的果实。房屋内部的厚厚墙壁主要是用胶黏剂黏合起来的，光滑亮丽，像涂了一层红褐色的油漆，上面嵌入了很多木质的碎屑物。因为这种胶黏剂的质量比较好，所以其能够防止水的侵蚀，还能让结实的坯料转为柴泥。就算是小屋在外部被淹没，水也不会渗透到房屋内部。房子的外部是由带毛的残留物、鳞片，特别是头状花序的小花砌成的，小花是黄色的，它们被幼虫从花托上拔起，然后间隔着时间把这些拔起的小花往后移动。

9月的时候，色斑菊花象搬走了，它们离开了自己一手修建起的房子。蓝色的蓟草长势良好，而且在不久的将来，最后的那些头状花序也会绽放。然而，色斑菊花象还是从上面将自己的房子破坏掉，然后毫无留恋地穿上沾着粉状物漂亮的衣服离去了。

寒冷多风的冬季让原本美丽的蓝刺头变成了备受摧残的枯萎之花，这些花儿在路上的烂泥里翻滚，最终也成了烂泥的一部分。这么大的风，如果色斑菊花象还是待在自己的小屋中，会发生什么样的状况呢？显然，色斑菊花象想到了这一点，所以它们才在冬日到来之时成群地进行迁移。它们需要寻找到一个更加安稳的居住场所，而不必担心冬季恶劣的天气带给它们的苦难。

思考·感悟

1.实验让作者明白了什么事情?

2.色斑菊花象为什么要离开自己一手修建的房子?

蚜虫：食品加工厂最早的主人

笃蓐香树蚜虫将卵产在笃蓐香树上，产卵处会形成树瘿，幼虫就在密封的瘿中发育长大，变成成虫后再离开。9月末，瘿被蚜虫挤得满满登登的。由于空间不够宽敞，因此蚜虫会根据喙的长度来进行排列组合。它们一层一层地排列起来：粗大的蚜虫待在最上面，中等的蚜虫排在第二行，而小蚜虫则排在中等蚜虫的足之间。这样的排列组合方式非常适用，因为这三排蚜虫轮流饮水，能够保证每只小蚜虫都有水喝，假如蚜虫们一只紧挨着一只用喙汲水，那么这个瘿根本不够它们用。

蚜虫将会在树瘿里进行身体的蜕变。这个团块中没有任何多余的空间，也完全得不到安宁。蚜虫们的皮肤在摩擦中被弄伤，爪子也全部变了形，不过它们宽大的翅膀在展开后倒是没有褶皱。

终于，蜕变结束了，蚜虫隐居的生活告一段落。橘色的蚜虫原本有着突起的肚子，现在则变成了漂亮的、类似蚊虫的小虫子。每只小虫子都有4只翅膀，身材修长，瘦瘦黑黑的。振翅飞翔的时刻终于到来，然而问题也出现了。这些小虫子被一堵墙围着，没有任何工具，也没有能力在围墙上面打开一道口子，怎样才能出去呢？不用担心，蚜虫成熟的时刻，瘿也同时成熟了，两者的成熟时间配合得非常好。

一个偶然的机会让我了解到了以蚜虫为食物的昆虫，在这之前我一直想要观察这些昆虫们的活动状况。蚜虫长得很小，体内却拥有丰富的营养成分。它们那鼓鼓的肚子里装着甘甜的露水，能够为其他生命提供水源。虽然一滴甘露需要成千上万只蚜虫的贡献才能够提炼出来，不过蚜虫的繁殖能力旺盛到我们无须担心它们的数量不够。

8月底，我的笃薅香树上长得最好看的一些球瘿开始有裂缝了，过几天，在烈日的暴晒下，其中一个球瘿已经裂开了三道缝隙，一些泪滴状的黏液从中流了出来。球瘿中的蚜虫们争先恐后地开始迁移，我看到它们一个一个拍着翅膀来到了门槛上，然后做着预备飞行的动作，准备出发。

然而，一群不速之客却在旁边觊觎着这美味又丰盛的食物。这种昆虫叫作三室短柄泥蜂，它们的身体呈黑色，长得很瘦，属于膜翅目昆虫。我时常在蔷薇茎里找到它们，在它们的房子里，我看到了一些储备好的黑色蚜虫或是叶蝉。在今天这个蚜虫迁移的日子里，8只三室短柄泥蜂来到了蚜虫的家门口。

这些泥蜂不顾一切地钻进瘿里，没过多久就有一只蚜虫被

名师导读

那么毛虫是怎样从这个瘿里再度出去的呢？它有两种选择：一种是把进口再度捅开，另一种是重新钻一个洞眼。这对于毛虫那好用的大颚来说，实在是轻而易举。然而，当毛虫蜕变为蛾子以后呢？柔软的蛾子又是通过怎样的方式，从已经被风干变硬的瘿壳里出去的？

其实在还处于毛虫的状态时，它就已经为自己铺好了出路。毛虫会在蜕变之前将那个它进来时的口子重新打开。假如那里由于树脂的凝固而变得太硬而不能打开的时候，毛虫就会选择重新在瘿壳上钻一个洞。

泥蜂从瘿里面叼了出来，之后这只泥蜂就飞走了。它是回去储备食物去了。这只蚜虫将被它放回巢穴中，然后它会再次飞到这里，继续捕捉蚜虫，直到自己房子中的蚜虫足够食用。在瘿没有被掏空之前，泥蜂疯狂的捕捉工作就不会停止。当然，在泥蜂回去运送食物的时间里，已经有大量的蚜虫逃脱了死海。蚜虫们凭借自己的翅膀离开了瘿，获得了重生。

虽然有大批的蚜虫躲过了三室短柄泥蜂带给它们的劫难，然而它们逃不过另一种昆虫的侵略，那就是毛虫。假如遇到了这个抢掠的高手，蚜虫们就会被彻底洗劫，难以逃脱。

毛虫通常会挑选完好无损的瘿下手。它们会用力撕咬瘿壳，直到瘿被其破开一个洞。它们的头一直左右摆动着，在洞眼被打开后便把头弯下，钻进了瘿里。整个过程用了不到半个小时的时间。

这个洞眼与毛虫的头差不多大小，只要毛虫的头部能够钻进去，那它的整个身体就一定能够进去。毛虫将自己的身体绷直，非常轻易地就钻进了这个小小的洞眼。进去之后，毛虫立刻将自己的头部掉转过来，在洞口处编织了一个用来遮挡的网罩。瘿里面的树脂不断地流出，这些黏液在网罩上凝固成一个盖子，坚固又安全。

瘿里面住着大量的蚜虫，这对毛虫来说是一个非常巨大的食物储备仓库，够它们一辈子享用的了。随后蚜虫被一只一只地杀掉，毛虫会吸干它们的汁，然后将其抛弃。被吸干汁的蚜虫尸体很快就

堆积起来，毛虫制作了一张丝质的黏质毯，把这些尸体堆积到一块儿，用毯子将它们与活着的蚜虫分开。这种形式也方便毛虫捕食自己身边的活蚜虫。

毛虫尽情地享受着，一点也没有节约的意识。假如它们愿意节省着食用这些美味，瘿里的蚜虫足够它们一辈子享用了。然而毛虫不在乎这些，仍旧大手大脚地挥霍着。它们杀掉了大量的蚜虫，好像杀戮这件事情比吃蚜虫更加有意思。瘿里面的蚜虫都死在了毛虫的手下，没有一只能够逃脱。当全部的蚜虫都被这个杀戮者杀光的时候，毛虫还没有长大。这个时候它们不得不从瘿中出去，再去寻找其他的瘿。假如毛虫的兴致较好，那么就会有两三个瘿中的蚜虫遭到它的侵袭。

蚜虫养活的生命远不止泥蜂和毛虫，蚂蚁、蠕虫、草蛉、瓢虫、蚜茧蜂等，都是依赖蚜虫的营养存活下来的种族。

当我们的地球还处于原初形态时，只要上面住着植物和蚜虫，我想这就足够地球上其他生命的成长了。植物会对它们所生长的岩石进行开发，从中提取到矿物质，让自己的身体拥有养料。蚜虫通过食用这些植物能够在自身的体内形成更加富有营养的物质。之后，其他以蚜虫为食的昆虫又会因为食用了这种养料而变得更加高级。生命就是这样在循环中繁衍生息，死亡了的生物也是新生命的奠基石。

通过上面的介绍我们可以得出：蚜虫的确是食品加工厂里最早的主人。好了，我对它们的探索就先到这里了。

思考·感悟

1.树瘿中的蚜虫是按什么顺序排列的？它们为什么要这样排列？

2.文章中提到的蚜虫的天敌都有哪些？

蜡衣虫：身着蜡衣的虫子

名师导读

在西方，橄榄树总是和宗教、神话与传说紧密相连。在最初的雅典城邦保护神争夺战中，海神波塞冬用三叉戟敲击海面，海面上跃出一匹灵动的骏马，而智慧女神雅典娜则为民众带来了橄榄树，从而在比试中获胜，成为城邦的主神。据说，橄榄油能点亮夜空、抚慰创伤，而且橄榄是珍贵的食物，既醇厚美味又为人们带来无尽能量。罗马人相信，神的子孙及永恒之城的缔造者罗穆卢斯和瑞摩斯，是透过橄榄树的枝叶,第一次睁眼看到了世界。

我知道一种平凡、不为人知的昆虫，它哺育孩子的方式向我们证明了一点：当母亲为了儿女的生命、健康着想时，将爆发出难以置信的才智。

这种平凡的昆虫名叫蜡衣虫。它在产卵期时，身长会比平时增长一倍。它使自己的身体一分为二，前半部分属于自己，负责进食、消化食物、散步、晒太阳；后半部分则属于它的孩子们，那里是托儿所、哺育室，让孩子们得以安然地孵化、成熟。

在橄榄树生长的地方，长着很多大戟树，这种树生长在碎石堆里，即使在最贫瘠的土地上，它们也能长得枝繁叶茂。在寒冷的冬季，这一身茂密的枝叶便成了抵挡严寒的最佳屏障。其他的树让花冠暴露在瑟瑟寒风中，大戟树却懂得弯下腰身，保护花冠度过严冬。等到暖意重新降临大地，大戟树经过整个冬天的蕴藏，花茎里装满了汁液。当花冠盛开伞形的深色小花，小苍蝇们便闻讯而来了。

天气更暖一些之后，蜡衣虫便出来了。大戟树下落了很多枯叶，蜡衣虫便是从这堆枯叶中爬出来的，它们在这里度过了冬季。春暖花开的时节，它们一点一点地从树底下搬迁到树上，这一过程需要经历1个来月，到四五月时，蜡衣虫就全

部搬到了树干高处居住。它们群聚在一起，像蚜虫一样密集。

蜡衣虫的确属于蚜科昆虫，它们具有蚜虫的习性，也长着钻针般的嘴，靠饮用树的汁液维持生命。但是，从外表来看，它们又不像蚜虫那样光滑肥胖。蜡衣虫穿着一件包裹得很紧的及膝的外套，不过，这件外套十分脆弱，用针尖一刺就会碎裂。外套呈一种不透明的白色，接近乳白，但是比乳白更显柔和。上半身好像一件卷曲的灯芯绒短上衣，由4条纵向排列的长条绒组成，长条绒中还分布着一些短条绒。上衣的后摆是由10条带子组成的流苏，流苏末端逐渐排成梳齿状。在蜡衣虫的胸部有一块护胸甲，甲上有6个看起来很清晰的圆洞，左右各3个，相互对称，虫子棕色的腿便从这6个洞里伸出来，活动自如。整体看起来，蜡衣虫就好像穿了一件无袖的绒背心，袖孔则被紧紧束起。

这件衣服覆盖住了蜡衣虫的整个身体，但并未超出身体的长度。到了产卵期后，衣服的后摆却变长了，看上去就好像蜡衣虫的身体变长了一样。实际上，蜡衣虫并没有长大。仔细观察它们身体的后部就可以看到，这个新添加的部分，上部生长着平行的、很宽的凹槽，下部则有细细的光滑条纹，尾部是一个截面，在放大镜下，它是一个横切口，里面塞满了东西，乍一看像一团细棉花。

正如“蜡衣虫”这个名字所暗示的一样，这件衣服的材料便是蜡，质地和蜂蜡很接近，容易碎裂，容易熔化，也很容易燃烧起来。如果在纸上蹭过，会留下半透明的印迹。为了研究这种蜡，我没有从这些小虫子身上一块块剥下来，而是抓起一把蜡衣虫放进沸水中。蜡衣熔化之后，水面上一下子浮起了一层油状液体，冷却后，这层油脂全都凝结成黄色的固体蜡。

小虫们穿在身上的明明是白色的蜡衣，为什么熔解、凝结之后却变成了黄色？问一问制蜡工，这个疑问就能迎刃而解了。制蜡工为了将黄色的蜂蜡变白，加工成我们所需要的蜡烛，会将蜡熔化后倒在凉水里，形成一层薄薄的蜡纸，再将蜡纸放在太阳下晒。这一套程序将要重复很多遍，黄色的蜂蜡最终才会变成白色。这是因为不断地熔解、凝固、暴晒改变了蜡的分子排列。

人类需要花这么大的精力来改变蜡的分子排列顺序，蜡衣虫却拥有与生俱来的本领，无须经过烦琐复杂的程序，它们就能够将黄色的原蜡变成白色。蜡衣虫身上的蜡并不是从其他地方收集来的，而是由体内生成的。它们的外衣上有许多纹路、凹槽，这些全都是自动生成的，蜡从这种昆虫的皮下渗透出来，顺应身体内部的结构，自动形成了一件拥有多种花样的外衣。

刚刚孵化出来的幼虫，身上还没有穿上外衣，它们浑身赤裸，表皮是棕色的。但是在离开母亲之前，它们一定会为自己穿上一件白色的外衣。起初，它们身上布满白点，渐渐地，白点增多，最后连成一片，终于形成外套。

正因为蜡是从身体内部持续渗出的，所以蜡衣虫在被剥掉外衣之后，还能够再制作出新的衣服。一般来说，第二件衣服做出来需要两三周时间，而且这一件通常没有第一件外套那么宽大厚实。这是因为蜡衣虫原本打算用多余的蜡来加大自己的外衣，却因为我的介入而打乱了计划。

那么，蜡衣虫为什么要使自己的身体变成原来的两倍长呢？4月的一天，我抓住一只蜡衣虫，将它身体的后半部分掰下来打开，发现里面堆满了羽绒一般柔软的棉花，这种棉花是蜡衣虫从屁股后面分泌出来的蜡形成的。棉花中散布着蜡衣虫的卵，有白色的，也有棕红色的。已有一些新生儿孵化出来，它们大小不一，有的还赤裸着身子，有的则已经长出了许多白点。

等到幼儿完全被蜡衣覆盖，它们才会从母亲身体后部的这个容器里面钻出来，然后在母亲身边安顿下来，把自己的喙插进树

皮下，啜饮甘甜的汁液。我观察到，每天都会有小蜡衣虫从母亲身后钻出来，这个过程一直要持续好几个月。如果只看表象，人们或许会认为蜡衣虫是胎生动物。而事实上，它们只是把卵产在了隐蔽之所而已，这些卵能够在蜡衣制作成的温暖安全的口袋里静静地孵化。

孵化过程需要经历3～4周的时间，刚出生的卵是白色的，随着时间推移，会逐渐变成浅红棕色。刚孵化出来的小蜡衣虫也是红棕色的，随后会慢慢穿上白衣。蜡衣虫母亲并不是一次性产下这些卵的，它们把身后的袋子当作仓库来使用，陆陆续续往里面下卵，平均每天产1枚卵，而产卵期将持续5个月，因此，一位蜡衣虫母亲产下的卵有200枚左右。

这间哺育室并不是封闭的，它的大门始终敞开着，当小蜡衣虫发育完全，要从这里出去时，只需将挡在门口的棉絮往旁边推开一点就可以了，由此足以看出母亲的细心。当身体内的卵排完了，身后的囊袋也空了之后，老去的蜡衣虫母亲便会从树上跌落下来，然后被地面的蚂蚁一点点分解掉，进入生命的另一循环。

思考·感悟

1.对蜡衣虫为养育子女将身体一分为二，你有什么感想？

2.蜡衣虫身上的“蜡”是从哪里来的？

3.一位蜡衣虫母亲能产下多少枚卵？

第七章

小虫子也爱美

爱美之心，人皆有之。在自然界中，也不乏爱美并且懂得怎样美的生命。比如，推粪工人食粪虫从事辛苦的劳动，身穿朴素的衣服，但是喜欢佩戴华美的珠宝作为装饰。粪金龟身体背面披着暗夜般的黑衣，在腹面则为自己抹上黄铜矿石的颜色；某一只金龟子用酱红色装点它的鞘翅，另一只也不甘落后，在前胸佩戴上佛罗伦萨的青铜色宝石；粪生粪金龟在阳光下也身穿一袭低调的缁衣，但是为朝着地面的腹部挑选了华贵的紫晶做装饰。

除了食粪虫类，还有很多其他种类的昆虫也表现出了形形色色的高水平装饰技艺。比如，天蓝色单爪丽金龟拥有一种罕见的蓝，这种蓝只有在赤道地区某些蝴蝶的翅膀上和某些蜂鸟的颈部才能够找到。这是一种绝妙的蓝色，它比天空的蓝更柔美，比海浪的蓝更恬静。吉丁、步甲、金匠花金龟、叶甲等昆虫在装扮自己方面，也都表现得十分出色，可与食粪虫媲美。有时候，这些珠宝与色彩的爱好者们聚集在一起，各种美妙的光彩交相辉映，真是美不胜收。

然而，科学至今还不能回答昆虫这些美丽的装饰品到底来自哪里、怎样制成的。不过，我相信，在未来的某天我们一定会找到这个问题的答案，虽然这个答案永远都在不断完善之中。那么，我目前所得到的一点实验成果，也许能成为这个答案中的一小部分。

先说一说黄翅飞蝗泥蜂的幼虫吧，它身材适中，是很好的实验对象。这只幼虫在孵出不久，透明的皮下就显露出一些细小的白色斑点。随后，这些斑点的面积迅速扩大，数量急剧增加。最后，除了头两个或头三个体节，全身都布满了这些白色斑点。剖开幼虫后，我们得知这些斑点是脂肪层的附属物。它们不但数量非常多，而且渗透得很深，一直深入脂肪层的底部。

在显微镜下可以看到，脂肪层组织由两种椭圆囊状物组成，形状和体积都相同，它们乱七八糟、毫无次序地组合起来，就形成了脂肪层。其中一种囊状物呈淡黄色，透明，充满含油的小滴，它属于营养性储备物质，通俗地说，就是肥肉。另一种囊状物则呈现淀粉似的白色，不透明，里面还有一种颗粒很细的粉状物，它展开成模糊的长条状，使得椭圆囊鼓胀起来。根据以上观察，我推断白色斑点是由第二种椭圆囊状物形成的。

在显微镜的载玻片上，我用硝酸分别与两种椭圆囊状物作用。饱含脂肪的椭圆囊状物不受硝酸的侵蚀，只是稍微有点变黄而已。与此相反，白色椭圆囊状物中那种不透明、不溶于水的细小微粒，在遇到硝酸后，沸腾起泡，不一会儿就消失不见了。用硝酸溶解封闭在椭圆囊状物中的这些微粒时，情况也是一样的。

我从许多只幼虫身上抽取脂肪组织，与硝酸作

名师导读

硝酸是一种具有强氧化性、腐蚀性的强酸，属于一元无机强酸，是六大无机强酸之一，也是一种重要的化工原料。在工业上可用于制化肥、农药、炸药、染料、盐类等；在有机化学中，浓硝酸与浓硫酸的混合液是重要的硝化试剂，其水溶液俗称硝镪水或氨氮水。硝酸溶液及硝酸蒸气对皮肤和黏膜有强刺激和腐蚀作用。

用，也产生了强烈的沸腾起泡的反应。但是，当沸腾平息后，有残余物漂浮起来，是一些很容易分离的黄色凝块，它们来自细胞膜和脂肪组织。然而，那些白色的微粒在被硝酸溶解之后，没有留下一星半点儿的残留物，它们变成了透明的液体。

这些白色微粒到底是什么物质呢？我将白色微粒溶解后的溶液放置在一个小瓷圆皿里，然后将圆皿置于热灰上，蒸发溶液。我在圆皿底上滴几滴氨水或水，得到了一种漂亮的胭脂红色，这种染料就是红紫酸铵。因此，使白色椭圆囊状物鼓胀的物质就是尿酸，更准确地说，是尿酸盐。至此，谜团终于解开了。

泥蜂幼虫全身都是半透明的，只有一个地方除外，这就是幼虫皮下那个长长的消化袋囊。这个袋囊盛满了幼虫享用过的食物，因而鼓鼓囊囊，带有红葡萄酒的颜色。在它那透明而又模糊的皮层之上，我们能清楚地看到白色尿酸椭圆囊状物，它们数量极多，数不胜数。这些洁白的微粒是艺术家的杰作，如果再仔细观察，你会发现这正是泥蜂未完成的美丽衣衫。

捕猎性膜翅目昆虫的幼虫会利用尿酸残余物在自己的身上装饰虎纹，对于这些昆虫来说，这种就地取材的服装制作方法极为常用。不过有一些昆虫没有这样得天独厚的条件，它们的排泄通道是畅通的。为了把自己装扮得更加美丽，它们之中的一些能工巧匠就去收集、保存别的昆虫排出的废物，然后制成漂亮衣服和华美首饰穿戴在自己身上。

蛛形纲中服装出众的代表是彩带圆网蛛。它身着的服装，无论在色彩的鲜艳丰富方面，还是花纹的独特别致方面，都能够与大戟天蛾幼虫的盛装媲美，甚至在花纹设计方面更胜一筹。它粗大的腹部表面，有暗夜的深黑、向日葵花瓣似的鲜黄和雪花一样的亮白，三种颜色交替成飞舞的彩带；腹部末端，它只选用了对比度强烈的黑、黄两种颜色，其中，黄色纵向排成两条带子，延伸到纺织器旁边时，就由黄色渐变成了橘黄；它的胸侧有一种颜色淡淡的图案向周围扩散，这图案十分抽象，很难看出到底是什么。

在放大镜下从外面观察这只彩带圆网蛛，可以看到黑色部分是同质的，各处的强度相同。而染有其他颜色的部分，呈网状，其网眼十分紧密，是由多角的颗粒构成的，这些小网堆积成小堆。

将它解剖后，我们发现这些红、黄或是白色的碎片，这些颜色来源于一种色素涂料，可以很容易地用画笔尖扫开。我们还可以看见，在黑色或者黄色的条带部位，皮层是黑色或是黄色的；而在白色条带的部位，皮层则是半透明的。揭去白色条带部位的皮层，可以看到一些排成带状的白点，这点白点呈多角形，排列得一块儿密一块儿疏。正是这些透明的白点，为蜘蛛制成一条洁白的飘带，与其他色彩艳丽的饰带相得益彰。

我将蜘蛛身上这些染有颜色部位的微粒放在显微镜的载玻片上，将它们与硝酸作用，没有出现像前面那些昆虫一样的沸腾现象，因此我可以断定，这种染料与尿酸无关。我推测，蜘蛛在皮下用来制作黑、黄、红、橘色彩带的色素是鸟嘌呤，它是一种蛛形纲动物尿的生物碱。总之，这种蜘蛛是用鸟嘌呤来盛装打扮自己的。

昆虫所穿的服装和所戴的宝石，都是源于同一种物质，这就是尿的排泄物的衍生物，根据分子排列组合的不同方式，产生了亮蜣螂的金属质感的红色、圣甲虫的亮黑色。这种物质在粪生粪金龟和黑粪金龟的背面显现出黑色，又变换排列组合，把前者的腹部染成紫晶色，把后者的腹部染成黄铜色。它根据昆虫身体的不同部位，变换不同的颜色和光泽。

大自然这位神奇的设计师，这位伟大的艺术家，它将黑乎乎的碳变成夺目的钻石，它将昆虫身体中废弃卑俗的残余物制成美丽的装饰品。谁能想得到，野鸽的虹彩、翠鸟的海蓝宝石、蜂鸟的紫晶、亮蜣螂的红宝石，这些熠熠生辉的饰物，它们的源头竟然是一点尿。真是让人不得不赞叹大自然的鬼斧神工。

思考·感悟

1.黄翅飞蝗泥蜂幼虫身上的白色斑点到底是什么？

2.蜘蛛是用什么来盛装打扮自己的？

毒蘑菇是昆虫的佳肴

有很多菌种都是可以吃的，有的名声还很响，但也有一些菌种是有毒的。那些植物并不是每个人都能够接触到的，要是不对它们进行研究，又怎么能够区别无毒和有毒呢？

人们普遍相信，昆虫以及幼虫和蠕虫会吃的菌都可以放心地采用；相反，昆虫不吃的蘑菇绝对不能去碰。这样的想法不无道理，但是，不同动物的胃对不同食物的消化能力是不一样的。

昆虫非常善于开发蘑菇，尤其是幼虫。昆虫消费者可以分为两类。一类是一点点地啃下蘑菇，咀嚼，嚼烂之后吞下去，是真的“吃”；另一类是像食肉的蛆虫那样，先把食物变成粥，然后吸进肚子里。属于咀嚼食物类的昆虫有：四种鞘翅目昆虫、衣蛾的幼虫，以及软体动物鼻涕虫。

有一种巨须隐翅虫，在鞘翅目昆虫中算是最喜欢吃蘑菇的了，它和它的幼虫常常一起到杨树伞菌那儿去。春天或者秋天，我经常在这些地方碰到它们。它吃的东西比较单一，但它完全称得上是一位美食家，因为它的选择很有品位。杨树伞菌虽然白得有点吓人，外表也常有裂痕，伞盖下的褶皱边还附着红棕色的孢子，看上去有些脏，但它却是最好的菌种之一。有些形状漂亮

颜色鲜艳的蘑菇恰恰是有毒的，而某些外表丑陋的却反倒是好蘑菇。

还有两种身材比较矮小的昆虫专吃蘑菇。一种是鞘翅呈黑色的闪光隐翅虫，它的幼虫吃一种长着直毛的带刺多孔菌，这种蘑菇又肥又大，往往侧贴在老桑树的树干上，有时也长在胡桃树和榆树上。另一种是桂皮色的大蚕蛾，它的幼虫只生长在块菰（松露）中。

在吃蘑菇的鞘翅目昆虫中，最有意思的是盔球角粪金龟，它还挖了垂直的洞穴来寻找日常食用的地下蘑菇。迄今为止，我只知道它吃地下菌、块菰和茯苓这些食物。盔球角粪金龟会在食谱上变各种花样，也许它会不加区别地把所有的地下菌都收入腹中，而不像巨须隐翅虫那样只吃一种食物。

与之相比，衣蛾幼虫的取食范围更广泛，这种弱小的幼虫是菌类最主要的开采者。它们将在被糟蹋过的蘑菇下，编织一个小小的白丝茧，然后羽化为一只纤小不起眼的蛾。在大部分菌类中都能发现大量聚集的衣蛾幼虫，从菌柄一直向菌盖上扩散。它们长5.6毫米，身体洁白，头部黑亮，喜欢吃菌柄。它们通常居住在牛肝菌、珊瑚菌、乳菇和红菇上，除了个别菌科里的几种菌，什么菌它们都吃。

一些贪食的软体动物也值得一说。它们在蘑菇里安了一个宽敞的窝，自由自在地在里面大吃大喝，它们对各种蘑菇都来者不拒，只要个头不

名师导读

我国毒蘑菇约有100多种，引起人严重中毒的有10余种，分布广泛。多数毒蘑菇的毒性较低，中毒表现轻微，但有些蘑菇毒素的毒性极高，可迅速致人死亡。

由于许多毒蘑菇和食用菌的宏观特征没有明显区别，甚至非常相似，而且至今还没有找到快速可靠的毒蘑菇鉴别方法，有时连专家也需要借助显微镜等工具才能准确辨别，因而一般人就很容易会误食毒蘑菇中毒了。当误食了毒蘑菇后，应及早治疗，否则会引起严重的后果。

算太小就行。与其他的开采者相比，它们一般都离群索居，数量也并不算多。它们用锋利得像刨刀的大颚从蘑菇里掏出一个个大洞，所造成的破坏一目了然。从被啃过的蘑菇上留下的咬痕和掉下的蛀屑，我就能认出是哪位食客留下的残羹。它们有的切割，有的挖沟槽，有的在蘑菇里挖出洞壁很清楚的隧洞，有的腐蚀内部而使外表保持完好。

双翅目昆虫的蛆虫通过化学作用腐蚀蘑菇，利用化学反应溶解食物。为了能看到它们的工作过程，我让它们开发撒旦牛肝菌。撒旦牛肝菌是最大的菌种之一，在我家周围随处可见。它的菌盖是白色的，看着很脏，菌管口呈鲜明艳丽的橘黄色，菌柄肿胀像鳞茎，上面的胭脂红脉络很漂亮。我把一个长得很好的撒旦牛肝菌切成两等份，放在两个并列的深盘子里。一份原封不动地放在盘里作为参照，另一份的菌管层上则放着二十四条从另一个腐烂的牛肝菌上捉来的蛆虫。

当天，牛肝菌就发生了变化。先是表面变成了鲜亮的红色，管状层变成了棕色，渗透出来的液体垂挂在斜面上，就像是黑色钟乳石。菌肉很快就遭到了腐蚀，没过几天就变成了一种像沥青油似的糊状，其流动性几乎能够和水相比。蛆虫在糊状液体中扭动着，屁股一拱一拱的，尾部的呼吸孔不时地露出液面。另一半没有放蛆虫的牛肝菌，依然和原来一样结实，只是外表由于蒸发有些干燥。

我把牛肝菌切成小小的块，一些放在清水里煮，另一些放在加了小苏打的水里煮，煮了整整两个小时。要知道，如果不用烈性药物来对付的话，牛肝菌肉是很难被驯服的。在沸水中长时间煮，甚至加小苏打对它也无用的牛肝菌，却在瞬间就被蛆虫分解成了流质，就像蛋白被蛆虫变成液体一样。

一种黑色的好似沥青一样很稀的流质把盘子填得满满的。要是让水分蒸发，稀糊就变成了一个易碎的硬块，很像是甘草提取物。蛆虫和蛹由于嵌在这个硬块里抽不出身而死了，这是化学溶剂带给它们的劫难。但当侵蚀发生在地面时，地面会吸收滴在地上的液体，蛆虫也会因此获得自由。

要是让蛆虫对紫色牛肝菌和撒旦牛肝菌进行作用的话，也会产生同样的结果，我最终看到的都是一种稀糊状的黑色液体。我发现，这两种菌在被切割后，特别是压碎后会变成蓝色，而普通的牛肝菌切开后肉色始终呈现的是白色，被蛆虫液化后变成的液体则变成浅褐色。我用毒蝇菌作为它们的作用对象，毒蝇菌就变成了一种如同杏子酱一样的粥。所有的菌在蛆虫作用下都变成了糊状，只是有的浓，有的稀，颜色各异。

牛肝菌臭名昭著，书上说它们很危险，至少也是需要警惕的对象。称其中一种为撒旦，就足以证明我们对它的恐惧。但蛾幼虫和蛆虫给出了不同的意见，它们把我们惧怕的那些菌当作美味佳肴。与此同时，撒旦牛肝菌的狂热爱好者，对我们赞誉有加的蘑菇却毫无兴趣。最有名的如红鹅膏菌，罗马帝国时期的罗马人以及古代的美食家，将这种佳肴誉为“恺撒伞菌”。

在我们食用的各种菌中，它的模样最为好看。当它蓄势待发，准备从干裂的泥土中钻出来时，是一个完全被菌托包裹着的美丽的卵形小球。然后袋子渐渐裂开，透过星形的洞口就能看见一部分好看的橘黄色球体，像是水煮蛋。不久之后，菌盖充分地舒展开来，把它平铺着就像一张唱片。它看上去比金苹果更灿烂夺目，摸起来就像绸缎一样柔软顺滑，在玫瑰红色的欧石楠中显得风情万种。

但这种漂亮的“恺撒伞菌”却被蛆虫毫不客气地拒绝了。在那么多次的野外观察中，我从来没有看到过一个被虫咬过的红鹅膏菌。我把蛆虫囚禁在广口瓶里，不给它任何别的食物，迫使它去吃红鹅膏菌，但是在液化完成之后，那些蛆虫就试图离开，捣烂得像果酱似的红鹅膏菌看来依旧不受它的欢迎。软体动物也是如此，蛞蝓完全不是红鹅膏菌的狂热爱好者。只有当它经过伞菌身边，而且又恰好没有更好的食物时，才会停下来，吃那么一口。要是我们非得让昆虫甚至蛞蝓来帮我们识别哪些菌可以吃，哪些菌味道不错，我们岂不是要与最好吃的蘑菇失之交臂？

在松树林中有一种羊乳菌，长有卷毛，边缘卷成涡形，它的辣味赛过胡椒。除非有一个经过特别训练的特殊胃，要不就别想吃这种食物。但蠕虫就有这样的胃，它们就像大戟上的幼虫吃可怕的大戟叶那样，有滋有味地吃辛辣的羊乳菌。但对我们来说，吃这两种东西简直跟嚼火炭没什么两样。

昆虫的胃与我们的胃不同，我们认为有毒的蘑菇它却吃得津津有味，而我们觉得不错的蘑菇它却认为有毒，因此昆虫根本不能告诉我们哪种蘑菇能吃，哪种蘑菇不能吃。

思考·感悟

1.在本文中作者一共提到了多少种菌？分别叫什么名字？

2.为什么我们不能根据昆虫来判断蘑菇是否有毒？

你懂昆虫的心吗

昆虫会思考吗？读者请不要笑，这着实是值得我们深思的问题。膜翅目昆虫的脑袋是怎么回事？它们的构造跟我们相同吗？它们也有思想吗？它们拥有理智吗？它们能把自己的动机和行为结合在一起吗？面对事故，它们能够更正自己的行为吗？如果我们能够解决这个问题，那将是多么有趣。

我决定用栅檐石蜂来做实验。石蜂的蜂房不是一次建成的，而是交替涂上灰浆和贮存蜂蜜，经年累月加厚的。蜂窝最早像个燕子窝，像两个小碗似的叠在旧蜂房的墙壁上。小碗做好了，就可以开始储存蜂蜜了。这时，石蜂会停运泥浆，而改运蜂蜜。送了几趟之后，石蜂又开始把那小碗的边加高。它来回更换着工种，由泥瓦匠变成采蜜员，过一会儿又变回来。这样来回多次，直到蜂房高到可以存储足够的蜂蜜供幼虫食用。

产卵的时候到了。我看到石蜂带着一团灰浆飞来。它看了蜂房一眼，检查一切是否就绪；它把肚子伸进蜂房产下卵后，立即用泥团将洞口封闭。在产卵之后把洞口封起来，是为了避免母亲不在时有不怀好意的客人来造访。

只要情况正常，为了达到某种目的，小虫子们的行为总是提前策划好。比如说，捕食性膜翅目昆虫为了向幼虫们提供安全的食物，就得先将猎物麻痹。但是虫子们这么做并不是出于理智，而是出于本能。

如果情况不同了它们又会怎么样做呢？首先我们得把两种情况区分开来。第一种情况是，当昆虫正在进行某种工作时，事故发生了，它就会开始补救，然后用类似的方式把原来的工作进行下去。另一种情况是，昆虫已经开始了另一样工作，然而事故与它之前从事的工作有关，这时它不得不重新去做一件它已经做过的事，然后再把工作继续下去。

名师导读

昆虫的脑结构很简单，不像人这样的高等生物有大脑、小脑、脑干之分。昆虫的神经系统也很简单，简单到只分为一些“节”，不像人一样有复杂的神经网络。目前，科学界认为，“思考”这种活动只有少数高等哺乳动物才有，昆虫是绝对没有的。它们的神经反应就是比较低等的最基本的神经反射而已，不会像人一样具有有意识的高等神经活动。

昆虫能放下手头的工作去干别的吗？它能否意识到修复上一件工作的成果比当下的工作更迫切呢？如果能有证据证明这一点，才是昆虫拥有理智的证据。

针对第一种情况，我做了几个实验。

做第一个实验时，一只石蜂刚刚砌好蜂房盖子的第一层，出去寻找另一些泥灰来加固盖子。我趁它不在，用一根针穿过这个盖子，戳了一个有洞口一半大的缺口。石蜂回来之后，就把这个缺口完全补好了。

在第二个实验中，泥蜂正在砌房子，它才砌了几层，房子里还没有放蜂蜜。我在碗底戳了一个大洞，昆虫连忙把这个洞补好。它自然地转身把洞补上就继续自己的工作了。

在第三个实验中，石蜂已经产了卵并且封好蜂房。趁它外出寻找泥灰把门牢牢封死的时候，我在靠近盖子的地方挖了个大缺口，缺口开得很高，保证蜜不会流出来。过一会儿，石蜂带着灰浆回来了，这灰浆并不是用来封盖的，但是，当它发觉盖子上有个缺口时，就用灰浆补好了缺口。这实在是很了不起，但从总体上来看，也只能算是在完成它目前的工作而已。

从这三个实验中，可以得出这样的结论：只要这件事仍在它的工作范围之内，它就可以应对。如果我们认为昆虫的这种行为是出于理智，那接下来的这件事情就会彻底改变人们的评价。

当蜂房基本建好，里面也存放了大量的蜂蜜时，我在蜂巢的底部戳了个洞，让蜜都流下来。根据前几个实验，读者也许会认为石蜂会马上修补这个巨大的漏洞——这可是关系到幼虫生命的大事故！然而石蜂多次往来奔波，有时运蜜，有时运泥浆，没有一只石蜂去顾及那个致命的大漏洞。当戳了洞的房间已经盖得足够高，并且存放了足够多的食物时，石蜂就把卵产进去，封上房门，接着去建造新的蜂房了，没有对漏蜜的现象采取丝毫的措

施。过了两三天，这些蜂房里的蜜就完全流完了。

当我在一个没有储存蜂蜜的蜂房底部戳一个洞时，石蜂会马上把它堵住。但是一旦开始储存蜂蜜，它就不会再倒退到原来进行的工作中去。也就是说，一旦开始采蜜，它就不能再重新去收集泥浆。当采蜜工作暂停时，它会再去衔来泥浆，将建筑物再堆高一层。就算这时石蜂需要再去掺和水泥，它也不会去管底部的泄露。现在它操心的是正在建造的这层房屋。只有这层房屋出了问题，它才会去修补。但是底部的问题，就算是很严重的问题，那也是过去的事情了。

这些例子已经足够说明，昆虫对偶然事件是无能为力的，这是心理上的无能为力。但是仅仅是反复实验还不够，我还得用不同方式来测试。现在我会通过另一种角度来检查昆虫的智力。一切膜翅目昆虫都是爱清洁的，石蜂也不例外。它们不会容许自己的蜜罐里有脏东西，而且很擅长把异物从蜂房里清除。

我在蜂房里放入了异物——五六根1毫米长的麦秸屑，而且是放在石蜂们最宝贵的蜂蜜上。当石蜂看到这些垃圾的时候，感到很惊讶——它们的仓库可是从来没有这么脏过。石蜂把麦秸秆一根根拖走，每根都被它们扔得远远的。这可比清扫场地难处理多了。我看到它们从旁边的一棵有10多米高的梧桐树上飞过，把那个讨厌的麦秸屑扔掉。

随后，我把一根两三分米长的麦秸插入蜜浆，麦秸大大超过了蜂房的高度。石蜂费了很大的力气，才把沾着蜜的麦秸扔掉。等到它们产完卵，刚要封门，我就把这位母亲拨到一边去，把麦秸插上去，这次是一根1分米长的麦秸管。这时石蜂会怎么做呢？它要是想让蜂房里一尘不染，就得把这根麦秸拔掉，否则麦秸会毁了幼虫。可是它没有理会这根麦秸，这当然不是能力问题，它刚才明明扔掉了一根比这长两三倍的麦秸。它把蜂房密封起来，麦秸被它裹在灰浆里，并且被大量的水泥加固了。我接连实验了8次，每次都能看到完工的蜂房上突兀地立着一根麦秸。这不就是石蜂智力愚钝的证据吗？

还有一个更能说服人的例子。当五个蜂房都已经储存好食物，我用镊子夹着棉花球把里面的蜜掏空。石蜂再运来新的食物，我再把蜜刮掉。有时候是完全刮空，有时候是留下薄薄的一层。虽然那些石蜂都看到了我的抢劫行径，但它们还是继续工作。就算是看到了粘在上面的棉花丝，也会把它拿掉，再把它像往常一样扔到远处。最后，石蜂产完卵，就会把蜂房的门封上。

实验的结果很明显：石蜂对蜜的多少的判断并非基于清晰的理性，而是本能。当它觉得已经采到了足够的蜜，就会停止劳动，压根不管中间有没有摧毁它劳动价值的破坏性活动。在大多数情况下，本能是可靠的，但是一遇到偶发状况，石蜂就晕头转向了。它怎么能把卵产在空无一物的蜂房里呢？这不就说明了它毫无理性嘛。当然，本能也有本能的好处，它没有让昆虫自己决定自己要做什么，至少避免了昆虫犯错误。

思考·感悟

1.你认为昆虫到底有没有思想？请说明原因。

2.为了验证昆虫是否有思想，作者都做了哪些实验?

昆虫“变形记”

在我观察过的昆虫中，粪金龟的幼虫是最奇怪的一种。小小年纪的它看着却未老先衰一般，残疾的足使它的形象大打折扣。最初我以为粪金龟幼虫衰弱的躯体和畸形的后足是由于后天的不幸遭遇导致的，或许是因为它要在狭窄的食物仓库里钻上钻下，

局促的空间束缚了它正常的活动。但是后来我发现，粪金龟生来就是残疾的。后天可能遭遇的扭伤等事故与它变成瘸子的事实并无必然的联系。因为我曾经用放大镜仔细观察过新生儿出壳的过程，并且在它羽化为成虫之后，也进行了长期的跟踪研究。

粪金龟刚孵化出来时，纤细的腿不能为身体提供任何支撑，因为腿的末端完全离开地面，向背部弯曲，那小而畸形的后足就蜷缩着贴在背上，像个弯曲的秤钩一样。而它的肚子很大，背上又背着一个储存建蛹室所需砂浆的褡裢，所以小家伙爬来爬去时，常常摔跤。

正因为如此，那两条畸形的后足便让人格外费解，如果这两条后足是一对爪钩，不是很有用吗？幼虫在长长的食物柱里上上下下爬行时就能更方便地勾住墙壁。与它相比，躲在小洞里的圣甲虫幼虫，饥饿时只要用臀部轻轻一推，就能把一片食物送到嘴边，它几乎都不需要运动。造物是多么的不公平：身体健全者饭来张口，而足有残疾者却必须辗转奔波；跛足者必须远足，腿脚灵便的却无须如此。任何理由都难以解释这种有悖常理的现象。

然而，圣甲虫以及与它同属的半刻金龟、阔背金龟、麻点金龟，当它们长成成虫时，不仅后足都出现了萎缩，就连它们的前足也出现了异常——前足上竟然没有跗节！这种看似特殊的残疾是整个金龟子家族的共同特征。

跗节由五个小节组合而成，它是昆虫身上唯一能够算作手的部分，人类如果缺少了双手，或双手不健全，就不能正常地打理自己的生活。而金龟子到底遭遇了什么，才使它们前足上这个唯一的跗节也不见了呢？

金龟子为什么不像其他昆虫那

金龟子

样，按照惯例长指形爪尖，却要留着一双爪端平截的残肢？有些人做了一番貌似合理的解释，他们说这些昆虫狂热地滚粪球时，都是头朝下尾朝上，倒立着行走，身体和粪球的重量就会全部压在这两条与坚硬地面接触的杠杆头上。在这种会对身体造成伤害的艰苦劳动条件下，纤细的跗节的确会成为累赘；但是，就算滚球者有意想去掉这个跗节，那么截肢手术又是何时进行的、如何完成的呢？

断指一事可以往前追溯得很远。假设在很久以前，一只金龟子祖先在一次意外事故中失去了两条前足上这两个不实用的、几乎是没有用处的跗节，这场事故只是让它感觉到了一时的疼痛，然而之后它发现失去跗节后劳动起来反而更加方便了，于是它便把平切前足遗传给了后代，从此金龟子便只拥有一双光秃秃的前足。这个解释颇具诱惑力，只是有诸多重大的疑点。人们不禁要问，从前昆虫怎么会一时兴起地把一些注定会因为不实用而被淘汰的零件加在身体的构造上呢？

所以，更合理的解释其实是这样的：金龟子们从来没遇到任何意外，当它们的幼虫还在蛹壳里的时候，前足上就没有跗节。它们一开始就是现在这个样子，根本就没有在运粪球时摔断跗节。侧裸蜣螂和赛西蜣螂滚粪球时，也像圣甲虫一样头朝下尾朝上倒着滚粪球，它们的前足也会在地上受到严重的摩擦，但它们却和别的昆虫一样长着跗节。可见，当其他昆虫都老老实实遵守着规则的时候，唯独只有圣甲虫独树一帜，这是为什么呢？希望有智者能帮我回答这个平庸的问题。

一般的昆虫跗节末端通常有两个并排的、秤钩状的爪钩，而沼泽鸢尾象却拒绝和其他昆虫保持一致，它们的跗节末端只有一个爪钩。为什么沼泽鸢尾象会少一个爪钩？如果能够多一个爪钩的话，觅食的时候、逃跑的时候不是更稳当吗？可是，沼泽鸢尾

象却选择少长一个爪钩，这种反常现象是怎么回事呢？

在茫茫的阿尔卑斯草地上，生长着一种蝗虫——红股秃蝗，这种常年生活在万杜地区最高的小山丘上的蝗虫居然不会飞，因为它们放弃了飞行器官。一般说来，蝗虫在羽化后都会长出翅膀，但是变为成虫的红股秃蝗仍然保留着幼虫的样子，虽然在临近交配期时它们的腿节上会出现珊瑚红色，胫节上也会出现蓝色，但也仅仅如此，它们只是变得漂亮了些而已。进入交配期和产卵期的成虫，除了能蹦跳，根本不能像其他蝗虫那样获得飞行的本领。跳跃类昆虫都有前后翅，而它却是个笨拙的步行者，虽然它也长着鞘，飞行器官就隐藏在里面，但由于发育不充分，最终仍然没有变成翅膀。

在发育过程中，这只长着蓝腿的漂亮蝗虫为什么会将已经在小鞘里萌芽了的前后翅弃置不顾？很明显，这部动物机器在缺乏理由的情况下，停止了齿轮的运作。

更奇怪的是蓑蛾。只有雄性蓑蛾才会羽化成蝶，它们披着漂亮的羽饰，就像穿着黑丝绒礼服的绅士，在空中翩翩起舞，但它们似乎并不准备邀请女士共舞，因为那些雌虫即使在成年之后，也一直保持着蠕虫的体态。描述得更加贴切一些，我们可以把成年的雌性蓑蛾比作一只蓄满了卵的袋子。对于鳞翅目昆虫来说，拥有一双长满鳞片的翅膀是无比重要的，但当雄性蜕变成令人称羡的彩蛾时，担负着更重要的繁衍职责的雌蛾却不肯改变面目。

短翅天牛

昆虫界的反常现象真是无处不在啊，很快我又发现了一例——短翅天牛。它是一种长着长角的昆虫，体形

名师导读

隐翅虫，又被称为“青腰虫”“影子虫”，类似飞蚂蚁，停下时尾部上下扭动，只把翅膀收回，且有趋光性，白天栖息在杂草石下，夜间出来活动，夏秋两季最常见，喜欢围绕日光灯等飞行。这种体内没有毒腺，不会蜇人，但是体内有毒液，在被打死后毒液会流出来。隐翅虫的毒液会引起急性皮肤炎症，痊愈后伤口颜色与周围皮肤会有差异。

健美，可与山楂树上的栎黑天牛媲美。只要是属于鞘翅目的昆虫，总会长出鞘翅来把身体包住，来保护脆弱的后翅和容易受到伤害的柔弱的腹部。可是，短翅天牛奇怪的地方在于，它无视这一常规。它肩上的两片鞘翅格外短小，与其他鞘翅目昆虫所穿的华丽优雅服饰相比，这两片短小的鞘翅充其量只是一件难看的小马甲。

它那宽大的后翅，一直伸到腹部末端的宽大后翅，由于超出了鞘翅的长度，也就失去了一层防护鞘翅的保护，但它似乎一点都不为自己的残疾感到沮丧。乍一看，人们或许会把它当作是一种奇怪的大胡蜂。既然是真正的鞘翅目昆虫，在鞘翅上偷工减料有什么好处呢？它真是吝啬得让人吃惊。

鞘翅出现残疾的鞘翅目昆虫还不止短翅天牛这一种。隐翅虫算得上是鞘翅目昆虫中的大家族，但它们丝毫没有大户人家该有的风范，反而像是一群衣不蔽体的乞丐。这些昆虫把长长的肥肚子露在外面，看上去非常不雅，这是因为它们的鞘翅只有正常尺寸的三分之一或四分之一。

如果我再继续列举残疾、反常、例外的事例，这个叛逆的群体就会继续增大。由于只能观察到现象，找不到答案，我只好放弃对这些“变形”昆虫的研究，转而把注意力放到植物身上。

和上述昆虫界的现象一样，植物界也存在类似的反常现象。比如，大部分花的花瓣都是以五为单位，严格按照序位螺旋排列，但是，唇形科

和面具科的花瓣则偏离了这种规则。这就好比在整齐划一的诗篇中加入了无序的变章，又仿佛在和谐的交响乐中穿插了一曲优美的独奏。

在昆虫的世界里，一切不合乎规则的现象都是如此，无论是不长翅膀的红股秃蝗，还是穿着马甲的短翅天牛和隐翅虫，它们都用自己的方式为生物界涂上了一抹更加亮丽的色彩。当这特殊的音符和整体的旋律配合在一起时，我们才更充分地感受到了生物、自然，乃至地球的神奇魅力所在。

思考·感悟

1.为什么金龟子的前足上没有跗节？

2.雌性蓑蛾和雄性蓑蛾之间有什么区别？

矮个的昆虫

世界上没有两片完全相同的树叶，也没有两个性格完全相同的人。对所有生物而言，一成不变的标准往往并不存在，存在的只是因人而异的不同价值取向。既然连不同的道德观都有它们各自的追捧者，那么像驼背、独眼、罗圈腿、畸形这些不常见的身体特征，就不能一概以“怪异”或“缺陷”这些词语来形容。

在某些人看来难以接受的东西，或许恰好对另一些人具有强大的吸引力。这就是大自然与人类社会都存在的互补法则，就像普罗旺斯的一条谚语说的那样：“任何一把茶壶都能配上壶盖，任何一个人都能找到合适的配偶。”当然，所谓的“合适”因人而异。所以，当你下次看到昆虫界里那些看上去不太般配的伴侣时，千万不要像我这样大惊小怪。

我曾经偶然得到一对蒂菲粪金龟。我找到它们时，这对夫妻正在洞底忙着挖掘泥土，令我惊讶的不是那位女主人的美丽和优雅，而是它那矮小的丈夫！

那只雄蒂菲粪金龟身材瘦弱，身高只有12毫米，正常情况下这种雄性昆虫一般都会长到18毫米。此外，就连蒂菲粪金龟胸前特有的三根并排长矛都出现了畸形：正常情况下这三根刺都应该弯向头顶，但现在这只雄蒂菲粪金龟中间的那一根长矛又短又小，其余两根也只长到和眼睛等高的位置。那位漂亮的姑娘为何偏偏选中了这样一位既不潇洒也不帅气的侏儒丈夫呢？

事实上，我并不是第一次见到这种现象。我曾经为一位英俊而魁梧的雄性蒂菲粪金龟寻找伴侣，不幸的是，我为它锁定的配偶说什么都不肯接受它，为了撮合它们我绞尽脑汁，但那位固执的姑娘仍然每晚都离家出走。最后，我不得不为这个小伙子另配佳偶。

连拥有好身材、好相貌的雄虫都会被拒绝，那么这只矮小的粪金龟是怎样俘获漂亮姑娘的芳心的呢？难道我们要用“爱情是盲目的”这句话来解释这种不太般配的结合吗？

此外，还有更加有趣的事情值得推敲：按照遗传学的观点，子女的身高、相貌多少都会受到父母基因的影响。这是不是意味着这对极不般配的夫妻所生下的孩子中，会有一部分长成母亲那样的瘦高个，而另一部分则会像父亲一样矮小？

我为了得到这对夫妻的卵，将它们养在了试管中，很可惜，最后它们都死去了，这使我的猜

名师导读

蒂菲粪金龟是一种个头较大的黑色鞘翅目昆虫，它与在地下挖洞的粪金龟具有相近的血缘。它是一种和平而无害的昆虫，但它的角却无比厉害。

蒂菲粪金龟喜爱露天的沙地，羊群去牧场时所经之处，会撒下一粒粒黑色的粪球，那就是它通常吃的粮食。如果没有羊粪，它也接受兔子细小的粪便，这种粪便更容易收集。

蒂菲粪金龟也能在泥土中钻得很深，它首先用肩膀把泥土撞得松动了，再用背去顶，使小土堆震颤，然后一拱一拱就钻进去了。

想无法得到验证。关于遗传的问题我缺乏专业知识，只能希望通过力所能及的实验寻找突破口。想到人类中那些因缺乏食物而面黄肌瘦的孩子，还有因营养过剩而令人操心的小胖子，我开始怀疑食物的供给量也会对昆虫的身高造成影响。

昆虫的进食量应该有一个范围，低于最低值，昆虫会饿死；之所以出现矮子，可能就是因为它摄入的食物量不够；如果在最低限度之上增加数量，同时又不超过可以承受范围，就会得到一个身高正常或偏高的生命。如果这一套可伸缩理论不完全是荒唐的，那么我是不是可以随意制造矮子或巨人？是不是通过控制它们的食物摄入量就能做到呢？

但是，昆虫们有自己的智慧，通过强迫进食来制造巨人恐怕只会白费力气，因为它们一旦吃饱就会停止进食，它们的胃可能会抗拒过量的食物。所以，我的实验只能在最低级和最高级之间进行，以保证它们既不会被饿死，也不会因超量的食物而苦恼。

我遇到的第一个问题是如何确定幼虫正常的食物定量。蜜蜂类昆虫是分配食物的一把好手，它们会根据幼虫的性别分配食物：雌虫个子大一些，就多分点食物；雄虫个子小，就少分一点。像蜜蜂一样按性别为幼虫分配食物的还有鞘翅目昆虫。我曾经尝试过破坏这些母亲精心的分配，将雌虫的食物匀一部分给它的兄弟们，这虽然没能制造出巨人和矮子，但成虫的身高确实受了影响。

这让我的想法更加坚定，食量确实能影响身高。我挑选了那些身体健康、胃口较好、大小明显的圣甲虫进行实验。

圣甲虫会为它的幼虫精心准备食物，它把粪球揉成大小不同的梨形，分配给每一条幼虫。或许也是因为性别不同，幼虫们得到的梨形食物有细微的大小差别，我没有去做任何实验进行验证，只是像当初改变蜜蜂母亲的分配一样，将圣甲虫母亲认为最恰当的配给重新进行了调整。

5月，我做了一项削减食物的实验。我把四个包裹着虫卵的粪梨横向切开，然后把球冠形的梨腹扔掉，而把寄居着虫卵的梨颈分别放在四个广口瓶里。广口瓶能给孵化中的幼虫提供恰到好处的条件：瓶中既不会干燥，也不会太过潮湿。食物被削减了一大半，这几条幼虫只能依靠有限的粮食完成生长过程。可能是由于瓶里的舒适程度比不上洞穴的温暖和湿润，很快就有两条幼虫死掉了。为了观察到其余两条幼虫的生长情况，我在粪球外壁挖了一个小洞作为观望口，两个小家伙一直尝试着用粪把它堵上，最终没能做到。

幼虫期结束后，这两条幸存的小圣甲虫比那些依靠整只粪梨长大的同类确实瘦小一些，不仅如此，幼时食物不足对它们身高的影响将延续下去。9月份，两只圣甲虫从蛹中羽化而出。那些在野外自由生长的成虫最小的也有26毫米，但这两只圣甲虫只有19毫米，而且它们的体积也只有正常同类的一半左右。虽然体形正常，但它们几乎还没有拇指盖大，确实算得上圣甲虫中的侏儒了。

那只启发我进行昆虫身高研究的蒂菲粪金龟是否也是因为食物短缺，所以个头那么小呢？或许是因为那位善于分配食物的母亲一时疏漏，把分量不足的粪球分给了某个孩子；或许是因为食物缺乏，所以最后一颗卵只能勒紧腰带；还有可能是母亲在分配食物时遇到了突发事件，只能中止工作。不论是哪种情况，唯一确定的是那条营养不良的幼虫挺过了饥荒，虽然没能长成个大个子，但总归还算健康。

在昆虫界，身材矮小很可能与先天无关，而是后天饮食不足的结果。我很想知道这些通过饥饿实验得来的昆虫中的侏儒是否能生育后代，并将矮小的身体特征遗传给它们的子孙，但这将会

是一个很困难的实验，我根本无法确信这些侏儒是否能够活到求偶、生育的那一天。如果我不考虑一切消极因素而执意去做，最终可能会一无所获，这样倒不如换个思路，去研究研究那些植物。

4月，在那些长期潮湿的地方生长着一种叫作春葶苈的植物。那些生长在贫瘠土地上的春葶苈的叶片极其瘦弱，茎也细得像根头发似的。虽然它也能结出成熟的果实，但果子只有一个。

通过植物进行试验不像对待圣甲虫那样费心费力，我只需要收集一些弱小植物的种子，然后在合适的季节把它们撒在土里，前提是这里的土壤非常肥沃，起码不贫瘠。第二年春天，这些春葶苈长出了很多根高达1米多的茎，叶子宽大肥厚，就像莲花座一样，到了收获的季节，果实挂满了茎干。植物恢复了正常的状态，侏儒症似乎已经得到了彻底的治愈。

由此我推测，如果昆虫的矮小是由于人为因素或是意外不测而造成的，那么只要它们还有生育能力，并且能保证它们的后代在正常的条件下成长，那么诸如驼背、肋缘外翻和上肢残缺一类的身体特征就不会遗传。

思考·感悟

1.昆虫的身高是由什么因素决定的?

2.如果在生活中遇到身材矮小的人，你会怎么做?

虫妈妈的选择

很多种类的昆虫都知道自己应该在哪里产卵，它们知道如何为即将出生的小家伙们准备吃的东西和住的地方。我们能够在膜翅目昆虫和食粪虫那里看到这样的举动。这是昆虫本能能够激发出的最有成效的行为。

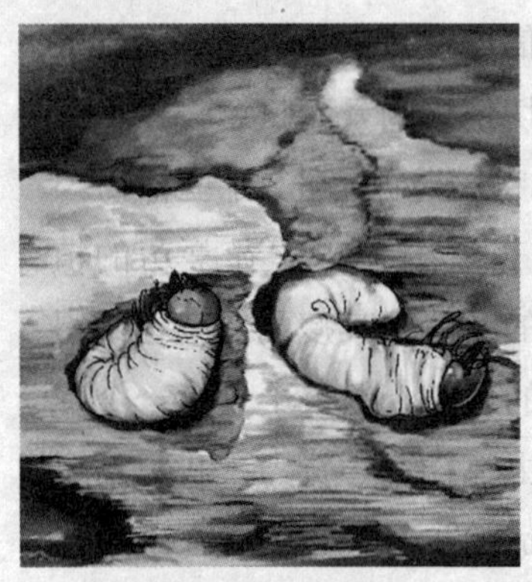
花金龟的幼虫

7月里的天牛母亲毫无目的地对橡树干进行着探测，它的背上骑着自己的雄性配偶。天牛母亲的输卵管不停地寻找着产卵的合适地点，它可以自由地插入裂开的树皮鳞片下。卵在被安放好的一刻，也基本上受到了周全的保护。

8月，以花朵为栖居地的金匠花金龟在一堆腐烂了的树叶堆积地产下了自己的卵。同样的，拥有漂亮羽毛饰的松树鳃角金龟也是如此。它用自己的腹尖在沙质土地中进行挖掘，用力地往下面钻，直到自己的头部能够完全被掩盖，之后它就在这个洞穴中产下了自己的卵。

幼虫通常依靠自身的力量和本能来适应困难的环境。天牛幼虫的身子后面还拖着卵壳就需要去寻找吃的，它第一口咬下来的是不能吃的木质东西，然后再把这些枯萎了的树皮弄成粉末状。之后便在这里挖洞，因为这个洞穴能够让它去到树干比较深的地方，那里有它能够吃上3年的食物。金匠花金龟幼虫刚出生就有能够吃的东西，它根本不需要额外地去寻找食物，因为它出生在糜烂的牧草上面。沙子下面柔软的、腐烂的植物根部是松树鳃角金龟幼虫的食物来源。

菊花象母亲除了会在蓟草的花冠里产卵，什么也不会做。昆虫的幼虫往往能够弥补母亲的不足，因为它们一出生就具有本能所赋予的灵巧技能。菊花象幼虫会凭借自己的技能修建房屋，还会剪下毛来制作床垫子。而没有任何经验的新生幼虫在蜕变之后便会离开自己亲手建造起来的屋舍，去一个碎石的堆积处住下来。这是为了躲避冬季恶劣气候的袭击，因为糟糕的天气很有可能会摧毁它们的居所。这是多么富有预见性的举动。

本能告诉它们必须在房屋倒塌之前逃离。在依靠本能行事这一点上，象虫科昆虫做得最好。即便象虫母亲再没有技巧，即便这是一只最蠢笨的象虫，它也会依靠本能为自己的幼虫选择最佳的出生地点。那么，象虫母亲是依据什么做出判断的呢？

粉蝶会飞到甘蓝花上产卵，这时甘蓝还没有开花，它的球冠紧紧地缩着，对已经是成虫的粉蝶而言，这朵花毫无吸引力，但是，粉蝶的幼虫却需要依靠这种植物成长。蛱蝶则飞到荨麻上产卵，同样，荨麻上没有什么东西是成虫可以吃的，但是它们的幼虫很喜欢这种植物。

粉蝶

成年的松树鳃角金龟以树的针叶作为食物，它的卵却产在一片沙质土地上，因为禾本科植物的侧根会在这种沙质的土地中腐烂，这些腐烂的根可以作为幼虫的食物。腐殖土那里根本没有适合金匠花金龟的食物，但是它还是执着地离开自己喜爱的蔷薇和山楂的伞状花序，让自己在脏污的腐烂物中埋着，产下后代。

名师导读

粉蝶科已知1200多种，分3个亚科，广泛分布。我国有130种左右。体型通常为中型或小型，最大的种类翅展达90mm。色彩较素淡，一般为白、黄和橙色，并常有黑色或红色斑纹。前翅三角形，后翅卵圆形，无尾突。前足发育正常，有两分叉的两爪。来自躯体废物的色素，构成其独特的色调，是粉蝶科蝴蝶所特有。

捕食性的膜翅目昆虫的嗉囊中装满了蜜，但是它们却用捕获物来喂养自己的幼虫。飞蝗泥蜂为了让自己的体力得以恢复，选择在刺芹上进食，在体力恢复之后就迫不及待地飞走了，因为它们想要对蟋蟀进行屠杀，以喂养自己的幼虫。节腹泥蜂也同样如此。它们离开了盛开着鲜花和流淌着花蜜的伞形花序，转而去刺杀象虫，因为这是它们孩子的食物。

怎样对这些行为做出合理的解释呢？有人认为，这是因为母亲保留着对自己幼年时期所吃食物的记忆，所以会为它们的幼虫提供相同的食物。不，绝对不是。昆虫怎么可能在身体蜕变之后还记得幼虫时期的活动呢？

假如成虫有着与幼虫同样的饮食方式，那么我们或许可以认为，成虫确实存在这样的记忆。比如食粪虫，它们自己吃的是粪便，为自己的孩子所储备的也是粪便，这样一来，成虫和幼虫的食物就能够很好地进行交互，这种交互又能产生联想与回忆。

然而，如果成虫与幼虫的食物不同，那么，就很难对虫妈妈精准的行为做出解释。我不知道昆虫母亲是怎样为自己的幼虫选择合适的食物的，这是一个难解的秘密。

菊花象具有一种草药商的才能，它们依靠一种敏锐清晰的植物性的辨别能力来选择将要产卵的小花。不是任何一朵小花上都拥有某种特定的味道、稳定性及浓毛等幼虫所喜爱的东西，因此选择小花进行产卵并不是一件随意的事情。

色斑菊花象对蓝刺头情有独钟，它们不会到处寻找其他的植物进行产卵，只有蓝刺头的蓝色花球是它们的开垦之地。色斑菊花象的这种永久不变的行为使得它们的后代很容易就能够继承。

与色斑菊花象不同的是，熊背菊花象所开垦的植物种类变得多起来。它们既能够在万杜山山坡上长着蓟叶的飞廉上开辟天地，也能够在平原的伞状花序飞廉上进行开垦。假如我们不对这两种植物进行细致深入的分析，那么肯定不会发现它们之间的任何相同点。就算是能够以犀利的目光区分不同种类的草的农民，也没有想过能用同一个名称来称呼这两种植物。然而熊背菊花象是目光非常犀利的草药商，它们能够分辨出纤细的蓟草和拥有华美圆花饰的植物属于同一个种类，也知道两者都是它们的美食。色斑菊花象、斯柯丽米菊花象等也是如此，几乎所有的象虫科昆虫都具有精准明晰的分辨植物的能力。

或许，对于昆虫这种精确的选择和辨识能力，称之为本能更为恰当。不是因为记忆，而是出自本能，这种本能能够为它们提供非常确切的信息，不过仅仅是在一个有限的范围之内。

思考·感悟

1.你认为昆虫母亲是怎样为幼虫选择食物的？

2.飞蝗泥蜂用什么食物来喂养自己的幼虫？

考点精选

一、填空题

1.《昆虫记》的作者是________，国籍为__________；它不仅是一部__________，同时也是一部__________，被人们冠以“__________”之美称。

2.作者有一个昆虫实验场，当地人叫它“__________”，就是一块除了____________和石头什么都没有的荒地。

3.蝈蝈儿长得十分漂亮，它体态优美，苗条匀称，身着一袭______的衣裳，体侧有两条______的丝带，两片______轻薄如纱。这漂亮的虫儿是夜晚的______，它的发声器官是一个带刮板的小扬琴。

4. 蟋蟀的前部________比较光滑，呈_________。两条翅脉呈平行的曲线状，将前部__________与后面分隔开来，它们之中的一条________，是精致的锯齿状，约有150个________的锯齿，这就是蟋蟀的琴弓。

5.美味的蝗虫使________的腋下长出一层脂肪，从而使它的肉质更为鲜美。爱吃蝗虫的还有________，这种昆虫能促使它产更多的蛋。如果将它放出鸡笼，它要做的第一件事就是领着______去已经完成收割的麦田里，寻找营养价值极高的蝗虫。

6.螳螂在捕食前会摆出一种类似祷告的姿势，所以有很多人认为它是一个传达神谕的预言家，会叫它“_________”。

7.________具有排粪快捷类昆虫的一些普遍特征，它和其他食粪虫幼虫一样，身体弯曲成________，背上背着一个巨大的包囊。

在这个包囊里储备着________，如果________偶然出现天窗，幼虫就立即喷射含粪的_______来堵住。

8. 小蓑蛾的身体在同类中是________的，它们的柴捆外套也最为______。它们所居住的柴捆是由一些腐烂的_________制成的。

9. 雄性的橡树蛾拥有一身_________的衣服，就像修道士的长袍那样。它的翅膀前面有一条颜色比较浅的带子，上面还有一些__________，就像眼睛似的。它的另一个名字叫________。

10. 克罗多蛛的腿比较______，肤色比较 ______，背上有5个黄色的点，就像5枚黄色的______。因此这位纺织匠看上去又像一位绅士。

二、判断题

1.蚂蚁的视力很好，它们能够看很远的地方。（ ）

2.黑蝎子和朗格多克蝎子的繁殖时间都在7月。（ ）

3.蝈蝈儿一天中大部分时间都在休息，天气炎热的时候更是如此。（ ）

4.蝈蝈儿是狂热的夜间狩猎者，只要在巡逻时碰上半睡不醒或是甜睡中的蝉，就一定不会放过。（ ）

5.在阳光充足的环境下，圣甲虫的卵可能五六天就会孵化成小虫，但如果阳光不是很充足，可能就要等上一段时间，大概12天。（ ）

6.整个夏季，蝉从自己的硬壳中奋力挣脱出来以后，只有五六天的欢闹时间，时间一过，它的生命就画上了句号。（ ）

7.蝉之所以整个夏天都在不停地叫，是雄性蝉在吸引雌性蝉。（ ）

8.萤火虫的一生都在发光，从卵到成虫都是如此。（ ）

9.大孔雀蛾是一位禁食者，它不需要依靠进食来恢复体力。（ ）

10.黄翅飞蝗泥蜂通常都是成群地从事建筑工作，很少单独行动。（ ）

三、选择题

1.红蚂蚁是靠什么能力辨别行进的方向的？

A.嗅觉　B.触觉　C.视觉

2.朗格多克蝎子喜欢居住在什么地方？

A.潮湿的树叶下面　B.被太阳烧烤的页岩下面

C.干燥的沙地里

3.蝈蝈儿不太喜欢吃以下哪种食物？

A.莴苣叶　B.蝉　C.西瓜

4.以下哪种昆虫不是“左撇子”？

A.蝈蝈儿　B.白额螽斯　C.蟋蟀

5.以下哪种蝗虫发出来的声音最响？

A.意大利蝗虫　B.长鼻蝗虫　C.灰蝗虫

6.小螳螂的天敌不包括下面哪一种昆虫？

A.蝗虫　B.蚂蚁　C.寄生蜂

7. 圣甲虫的卵孵化的时间一般是在每年的几月份？

A. 4、5月份　B. 6、7月份　C. 8、9月份

8. 石蛾在制作房屋时不会采用哪一种材料？

A.瓶螺　B.黄葵　C.卵石

9.在绿蝇当中，哪一种是个头最大的？

A.叉叶绿蝇　B.常绿蝇　C.居佩绿蝇

10. 蟹蛛最喜爱的食物是什么？

A.蜜蜂　B.苍蝇　C.蜻蜓

四、简答题

1.请简述作者是如何建立人工蝎子园的?

2.两只螳螂之间是如何进行战斗的?战斗往往以何种形式结束?

3.作者曾经讲过一个关于蝉与蚂蚁的寓言,请复述一遍。

4.花金龟幼虫的脚有什么用处?

5.色斑菊花象幼虫以什么为食?它们是怎么吃东西的?

参考答案

一、填空题

1. 法布尔　法国　研究昆虫的科学巨著　讴歌生命的宏伟诗篇　昆虫的史诗　2. 荒石园　百里香　3. 嫩绿　淡白色　大翼　低音歌唱家　4. 镜膜　橘红色　镜膜　翅脉　三棱柱状　5. 珠鸡　母鸡　小鸡　6. 祷上帝　7. 蜣螂幼虫　钩状　黏胶　粪梨　黏胶　8. 最小　朴素　麦秸　9. 浅红色　小白点　小阔条蛾　10. 短　深　徽章

二、判断题

1.（×）订正：蚂蚁非常近视，只要移动几个卵石就能改变它们的视野。2.（√）3.（√）4.（√）5.（√）6.（×）订正：蝉有五六个星期的欢闹时间。7.（×）订正：蝉的听觉非常迟钝，它几乎是个聋子。8.（√）9.（√）10.（√）

三、选题题

1. C　2. B　3. A　4. C　5. A　6. A　7. B　8. C　9. B　10. A

四、简答题

1. 作者先找来一些大罐子，把它们放在实验室的大桌子上，并在每个里面都装些筛过的沙子，然后在罐子里放两块花盆的碎片，再将两块大瓦片半埋在土里作为屋顶，最后把圆拱形的纱罩罩在沙罐上。这样，一个人工蝎子园就建成了。

2. 两只螳螂突然毫无征兆地直立起上身，轻蔑地看着对方，然后腹部开始发出“扑哧扑哧”的响声，很明显，它们已经做好了战斗的准备。这时，一只螳螂突然松开铁钩，并迅速地伸向对方，一击即中，然后再迅速地后退以便防守，另一方也随即做出相同的举动。大多数时候，战争都会以一方挂彩而告终，但有时候也没有那么平静，胜利者会死死钳住失败者，而后者也会摆出拼死一搏的姿态。很快，胜利者就开始了自己的屠戮行动，就像咀嚼一只蝗虫或是一只蝈蝈儿一样大快朵颐，丝毫没有意识到自己正在消灭同胞。

3. 整个夏天，蝉都在树上高声歌唱，当看到小蚂蚁们成群结队地往洞里搬运食物的时候，它觉得很可笑，还问蚂蚁："现在正值夏季，有这么多可口的食物，为什么要这么着急储藏食物呢？而且现在天气这么炎热，在这种天气里劳作是一件多么痛苦的事啊。"蚂蚁诚恳地告诉蝉："夏天很快就会过去，秋天到来时，就没有这么多食物供我们储藏了，这样到了冬天，我们就会饿死。"蝉听了不以为然，它觉得蚂蚁的担心是多余的，于是继续在树上高声歌唱。夏天很快过去了，万物萧瑟的秋天到来了，蝉每天都忙着找吃的，却没有办法填饱自己的肚子，更不要说储备食物了。到了冬天，蝉忍冻挨饿，终于有一天，它受不了，来到蚂蚁家，祈求蚂蚁施舍给它一点食物，可是蚂蚁却说："过去在我们辛勤劳动的时候你在唱歌，现在你可以去跳舞呀！"

4. 花金龟幼虫在结茧时，它们的脚就会变成灵活的手，可以帮助它们完成织茧的工作。具体来说，它们的脚能够在幼虫的双颚咬住粪粒之后将粪粒扶稳，而且需要让粪粒在脚上面打转，最后再摊开，将粪粒放在合适的位置。

5. 色斑菊花象幼虫根本不吃固体性的东西，它们所食用的是流体类的树汁。幼虫仔细地在头状花序的轴茎和中央小球上打开缺口，然后在那里吮吸蓟草渗出来的汁液。这些汁液就是从植物的根部通过这个缺口流出来的。当缺口变干以后，幼虫们会开辟出新的缺口，继续饮用生命之源。这个蓝色的小花球只要还生机盎然，汁液就肯定会从根部流出来。相反，一旦幼虫的食物储备室与枝杈分离，新鲜的汁液就会断绝，幼虫也会因为没有食物而早早地死去。